DECIPHERING SCIENCE SERIES
破译科学系列

王志艳◎编著

善待我们
绿色的家园

科学是永无止境的
它是个永恒之谜
科学的真理源自不懈的探索与追求
只有努力找出真相，才能还原科学本身

延边大学出版社

图书在版编目（CIP）数据

善待我们绿色的家园 / 王志艳编著 .—延吉：延边大学出版社，2012.9（2021.6 重印）

（破译科学系列）

ISBN 978-7-5634-5033-6

Ⅰ．①善… Ⅱ．①王… Ⅲ．①环境保护－普及读物 Ⅳ．① X-49

中国版本图书馆 CIP 数据核字（2012）第 221021 号

善待我们绿色的家园

编　　著：王志艳

责任编辑：李东哲

封面设计：映像视觉

出版发行：延边大学出版社

社　　址：吉林省延吉市公园路 977 号　邮编：133002

电　　话：0433-2732435 传真：0433-2732434

网　　址：http://www.ydcbs.com

印　　刷：永清县晔盛亚胶印有限公司

开　　本：16K 165×230 毫米

印　　张：12 印张

字　　数：200 千字

版　　次：2012 年 9 月第 1 版

印　　次：2021 年 6 月第 3 次印刷

书　　号：ISBN 978-7-5634-5033-6

定　　价：38.00 元

前言
Foreword

　　大家都知道，地球是我们人类赖以生存的家园，人类世世代代得以从中获取着生产、生活资料和各种资源。可以说，是大自然养育了人类，是它为人类的生存和发展提供了一个广阔的物质平台。因此，我们人类一定要心怀感恩，尊重和保护大自然，与它和谐相处，与自然界的其他生灵共同分享这个美丽而富饶的星球。

　　随着我们对地球的研究，我们对它的认识也不断加深。我们知道，由于人类长期以来对地球的各种无节制开发、发掘乃至破坏，已经对地球造成很大的损伤，我们必须认识到这一点，如果现在我们还不能对地球采取有效的保护措施，那么，我们的生存空间会进一步恶化，人类将面临难以生存的境地。

　　为了让广大更深青少年朋友更好地了解我们赖以生存的家园，主动承担起保护地球、保护环境的责任，我们编写了这本书。希望青少年朋友们通过阅读此书，认识到环保的重要性，了解到大气污染与危害、水环境污染与危害、噪声污染与危害等基本知识，通过这些知识的学习，增强环保意识，倡导绿色消费，树立"环保从我做起，从现在做起"的生活理念。

　　本书以简明而优美的文字，从全新的角度介绍了人类应该怎样与自然和谐相处的道理，是一本深入贯彻科学发展观、建设和谐社会和环境友好型社会新形势下一部不可多得的科普新书。

　　本书在编纂过程中，精心挑选了各种精美的图片，既可以让青少年朋友了解人类与自然的关系，更可以让他们获得无穷的读书乐趣。希望广大青少年朋友能够在对本书的阅读中，真正学好知识，提高自身的素质，从书中获益，在本书的陪伴下快乐地成长！

　　本书在编写过程中，参考了大量相关著述，在此谨致诚挚谢意。此外，由于时间仓促加之水平有限，书中存在纰漏和不成熟之处自是难免，恳请各界人士予以批评指正，以利再版时修正。

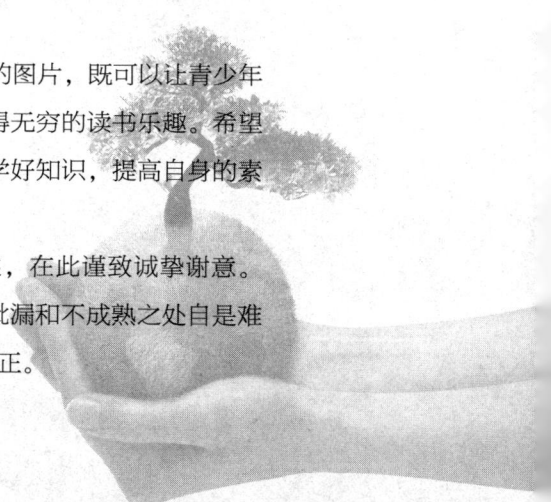

目录 CONTENTS

什么是环境与环境保护

从广义上说，环境是指围绕着人群的空间及其可以影响人类生产、生活和发展的各种自然因素、社会因素的总体。通常按环境的主体、范围、对象等进行分类。

按环境的主体分，环境就是人类赖以生存的空间，其他生命体和非生命体看作环境的对象。

按环境的范围分，可分为空间环境、生活区环境、城市环境、乡村环境、区域环境、全球环境和宇宙环境等。

按环境对象分，可分为自然环境和社会环境两类。自然环境又分大气环境、水环境、土壤环境、生物环境、地质环境等。社会环境是人类社会在长期发展中，为了不断提高人类物质文化生活而创造出来的环境。

环境法规中指的环境，通常将应当保护的环境要素或对象称为环境。我国的《环境保护法》明确指出："本法所称环境，是指影响人类生存和发展的各种天然的和经过人工改造的自然因素的总体，包括大气、水、海洋、土地、矿藏、森林、草原、野生生物、自然遗迹、人文遗迹、自然保护区、风景名胜区、城市和乡村等。"

所谓环境保护，就是采取行政的、法律的、经济的、教育的、科学技术的多方面措施，合理利用资源，防止环境污染，保持生态平衡，保障人类社会健康地发展，使环境更好地适应人类的劳动和生活，以及自然界生物的生存。合理开发利用自然资源，减少或消除有害物质进入环境。保护自然环境，保护生物多样性，维持生物资源生产能力，使之得以恢复和扩大再生产。实现环境保护和经济发展的协调统一，是实现可持续发展战略的重要任务。

什么是全球环境

全球环境也称地球环境，它是向人类提供各种资源的场所，同时也是不断受到人类改造的空间。全球环境的范围包括大气圈中的对流层的全部和平流层的下部、水圈、生物圈、土壤圈和岩石圈的表层。人类和各种生物都是在地球环境中发生和发展并繁衍生息。

近年来，随着人类对环境的影响急剧增大，致使地球的某些圈层如大气圈、水圈、生物圈发生了量或质的变化，使人类和生物界都遭到危害或

△ 全球环境污染问题一直很突出

受到潜在的威胁。这种状况，迫使人类不得不从整个地球去考虑和解决这些全球都面临着的环境问题。全球环境的概念就是在这种情况下形成的。在环境科学中，全球环境的含义包括由于人为原因造成的具有全球性的某些环境要素和环境结构的改变状况，以及这种状况对全球生命系统的危害和影响趋势。目前，在自然环境和社会环境里已出现了不少全球性的环境问题，主要有臭氧层的削弱、大气中二氧化碳含量的增多、海洋的污染、生态系统失调和人口的激增等。

人类主要面临哪些环境问题

人类只有一个地球。世界面临的主要环境问题有以下几个方面：

一、大气污染。大气是环境问题的薄弱环节。全球每年使用矿物燃料排入大气层的二氧化碳大约为55亿吨，每天平均有数百人因吸收污染的空气而死亡。

二、温室效应。气候专家预计，到21世纪全球平均气温每10年将上升0.3℃左右。预测在未来100年内，世界海平面将上升1米。干旱、洪水、风暴将可能频繁发生。

三、臭氧层破坏。每年春季南极上空大气中的臭氧消失40～50％，臭氧层破坏将增加皮肤癌、黑色素瘤、白内障发病率。

四、土地沙漠化。每年约有500～700万公顷土地变为沙漠，全世界约有10亿人口生活在沙漠化和受干旱威胁地区。

五、水的污染。各国每年工业用水超过600立方千米，灌溉农田用水多达3000～4000立方千米，其中受农药和各种有毒化学制品污染的水，不少于上述用水量总和的1/3排入湖、河、海洋。

六、海洋生态危机。全球每年往海里倾倒的垃圾达200亿吨。再加上其他污染造成海洋生态危机。

七、绿色屏障锐减。最近几年，全球每年砍伐森林2000多万公顷。造成绿色屏障锐减。

八、物种濒危。地球上现有物种大约为1000万种，每天有100种生物灭种，速度惊人。

九、垃圾难题。全球每年新增垃圾100亿吨，人均大约1～2吨。

十、人口增长过速。目前世界人口以每年1亿的速度增长，到2030年，人类人口数可能会达到80亿，到2050年人口可能达到90亿。资源开发和利用速度已赶不上人口增长速度。

环境保护有什么重要性

环境保护是运用现代环境科学的理论和方法，在更好地利用自然资源的同时，有计划地保护环境，预防环境质量的恶化，控制环境的污染，促进人类与环境协调发展。

人类改造自然、发展生产，必须同时注意自然界的"报复"，注意发展生产给包括人类在内的整个生态系统所带来的影响，而不能超过某一个限度。环境保护工作就是要明确提出这一限度，通过宣传使大家认识这一限度，以政策、法律形式做出具体规定，并尽力实施这些规定，否则人类的生存环境就会遭到破坏。

随着生产力的发展和工农业的现代化，保护和改善环境就成为劳动力再生产的必要条件。在某种意义上说，搞不好环境保护也就难于实现现代化生产。

环境污染的远期影响，是对人类健康的严重威胁，不只是致病，而且可能通过胎盘危及胎儿，以及引起遗传变异、染色体畸变和遗传基因退化，贻害子孙后代。

自然资源的破坏，有的要几十年、上百年才能恢复，有的则难以逆转。目前，全世界估计有25000种植物、1000多种脊椎动物，正处于灭绝的边缘，如果不施行全面保护措施，后果不堪设想。

实践证明，生产建设和生态平衡之间的关系是经济建设中的重要问题。国民经济各部门的比例关系失调，用几年工夫可以调整过来。而生态平衡遭到破坏，没有十几年、几十年，甚至上百年的时间是难以调整过来的。基于这种观点来分析问题，才能更深刻地认识环境保护工作的重要性和迫切性。

世界人口大爆炸的反思

1987年7月11日，南斯拉夫一个男孩的降生成了世界各大新闻机构争相报道的消息，联合国秘书长德奎利亚尔专程去祝贺，这个男孩就是地球上的第50亿位公民。50亿是人类数量增长的印记，50亿是引发人类极大忧患的数字！

目前，地球是唯一有人类居住的星球，它是人类唯一繁衍生息地，地球究竟能容纳多少人？这是长久以来，特别是20世纪以来，人们研究的热点问题之一。

人类生存最低限的条件是吃、喝、住。地球上绝大部分面积被海洋占据，陆地只占地球表面积的1/4。自从有人类以来，从公元前七八千年起，到公元17世纪，人类人口最多只有几亿，但到19世纪人类的数量开始迅速增长。美国人口咨询局预测，如果按当前的增长速度每41年翻一倍计算，到2021年为88亿，2062年为176亿，2103年为352亿……700年后世界人口将达到数百万亿的天文数字。德国一位动物学家用数学模型和计算机预测公元2600年的世界人口，那时每一个人在地球上只能占0.23平方米的陆地面积，就连沙漠、南极洲、喜马拉雅山峰上也都应挤满人。0.23平方米仅够人坐，难道人可以不睡、不动，而且根本没有土地可耕种了？有一幅21世纪的地球环境漫画，用夸张的手法形象地描绘了人口大爆炸——圆圆的地球上四面八方站满了人，人上叠人，层层放射出去，恰似一颗炸弹爆炸瞬间的火光。这幅画出自我国一位少年之手，他的环境忧患意识正是我国环境保护的希望。

地球能养活的人口数量是有限的，而人类维持正常生存每天都需要一定的能量，按地球植物总产量计算，只养活人类可以到几千亿人，但是，地球上以植物为食的生物还有千万种。并不是所有动、植物人类都可以食用，估计人类只能获得植物总产量的1%，即地球所能提供的食物仅能养活近百亿人。水是生命之源，人类能饮用的淡水仅占全球水资源的3%，而且能直接为人类利用的更少。加之分布不均，现在世界上已有一半地区出现水荒，一些江河湖泊的污染使缺水矛盾更加尖锐。

人类要生存、要发展，绝不仅是住、饮、食的需要。1968年，在美国斯坦福大学任教的保罗埃利希发表了《人口爆炸》一书。这本书使人们开始认识到人口增长对环境的危害，埃利希夫妇也因此成为研究人口与环境问题的先驱，并由于为世界环境保护作出的突出贡献，获得了当今世界颇具影响的环境奖——联合国环境规划署颁布的1994年度"世界环境奖"。1972年，罗马俱乐部又发表了《增长的极限》的报告，其中向人类发出了控制增长速度的警告。发展中国家"人多热气高，贡献大"，发达国家把人口增长作为生活水平提高标志等观点，世界正在被爆炸的人口所淹没。正像肯尼斯博尔丁的评论："谁认为在有限的世界里，人口能永远保持大幅度增长，他就是一个疯子。"

1980年，据世界银行发表的《贫困与饥饿》报告中推算，危害人身健康和妨碍儿童正常发育的营养不良人口为3.4亿人，从事体力劳动却得不到足够营养的人为7.3亿人，两者共11亿，相当于当时世界人口的1/4。

爆炸的人口是人类影响环境的主要因素。人类为了多一块土地，就更多地砍森林、垦草原、填湖海，甚至掠夺式地开采地上、地下各种资源，这种为生存进行的搏斗，能给予人类的只是暂缓贫困和饥饿，带来的是环境的破坏，生态系统失衡，人类生存环境和物质条件更为恶劣。目前，在人口密集的亚洲、经济较发达的欧洲，没有被开发但有开发价值的可耕种土地已经不多了。因为地球1/4是陆地，但其中的高山峡谷、沙漠、沼泽等地是没办法种粮食的。为了生存，人类不顾一切的向自然界索取，掠夺式"开发"比比皆是。

有位记者根据实际所见，讲述了这样的事实：1492年哥伦布第一次航海在海地登陆时，曾在他的航海日记中这样描述它："在这个岛上，险峻的山峰连成一片，每一座山看上去都很美，数千种树木覆盖着群山，葱茏挺拔，就像5月的西班牙，有的树上开着花，有的树上结满了果实……"完全是一幅生机勃勃的大自然景象。海地的国名就是以当地的民族语言"绿色群山"的

△ 世界人口已达70亿

意思命名。而今，昔日哥伦布所称颂的情景已荡然无存，映入眼界的是人口拥挤的城镇，看不到树木的光秃秃的荒野。1923年调查时，森林面积还占国土的60%，1980年再调查，森林面积只剩下了1.7%。由于森林丧失，土水无法保持，导致土壤贫瘠化，扩大的土地面积反而减产65%。而且雨季山洪直下，道路农田被淹；旱季则全岛一片干旱。人类不适当的开发生产，破坏了自然界原有的平衡，森林减少等导致水土流失、土地沙化、洪水与干旱等灾害增多。根据美国海外救灾局统计，全世界70年代比60年代的各种灾害发生次数增加了1/3，受灾人数和死亡人数更是成倍增长，尤其干旱的死亡人数，20世纪70年代比60年代增长了20多倍，受洪水之灾的人数也增长了3倍，达到近2千万人。1982～1985年的非洲大干旱，一次受灾人数就达3500万，1987年印度干旱，孟加拉洪水之灾受害人数又都远超过70年代的灾害。从受灾人数和死亡人数看，欧美如果是1，则人口众多、生态环境破坏严重的亚洲是15。按受灾死亡人数排列，几乎全是发展中国家在前面。

　　沉重的人口，降低了人类的抗灾力，过度垦殖，使土地退化，一些国家粮食产量赶不上人口的增长。我国粮食产量逐年增长，平均亩产也在增加，但还是落后于人口的增长。我国国土面积、粮食总产量都与美国相近，但美国是3亿多人，我国是近14亿人口，人均粮食仅是美国的1/6。人均耕地也从1950年的0.18公顷到不足0.1公顷。

人口的过度拥挤致使城市绿地减少，生活垃圾堆成小山，空气污浊流，行病肆虐，城市缺少基础建设设施，交通阻塞，噪音扰人，人类健康受到威胁。人们为了在城市争得一席住地，不惜把自己装进层层迭起的钢筋混凝土的笼子里，城市中越来越拥挤的建筑把土地变成了水泥，城市成了"混凝土的森林"，由于城里人生活条件太"文明"，除癌症等发病率远高于农村外，还有"空调病"、"微波辐射病"等现代疾病。

地球人口的迅猛增长，加之经济发展、人民消费水平提高，使得每人稍增加一点点消耗，数十亿人就是可观数字。近年，由于人类生活和生产中对能源、燃料等消耗速度加快，使矿产面临着枯竭的危险。据统计，按美国目前消耗的速度计算，世界上很多矿产将要耗尽。如锌只能用半年，铅用四年，石油用七年。为了寻找新能源、新技术，又使得原有燃烧产生的废气还没控制，新的电磁辐射、放射污染等又相继出现。

过多的人口，迅速扩展的人类活动范围，使得不仅地上地下自然环境、生态系统受到破坏，水体也难逃大劫，世界上1/3的淡水被污染。地球上的各种生物品种也在惊人地灭绝着，70年代动物消亡的速度是每天1种，而今已是每小时1种，一天24种了。

"民以食为天"，僧多粥少迫使人们加快向自然界掠夺的步伐，甚至"杀鸡取蛋"、"竭泽而渔"，其结果事与愿违，导致了人类生存环境恶性循环。其实，早在一百多年前恩格斯在《自然辩证法》中就告诫过："时时记住：我们统治自然界，绝不像统治者征服异民族一样，绝不像站在自然界以外的人一样。相反地，我们连同我们的肉、血和头脑都是属于自然界，存在于自然界的。我们对自然界的整个统治，是在于我们比其他一切动物强，能够认识和正确运用自然规律。"

震惊世界的八大公害事件

20世纪是科技文化大发展的世纪，20世纪又是让人类重新认识自身生存环境的世纪。相继发生在20世纪的重大公害事件，就是人类重新认识自身活动的警钟。

下面介绍的就是当时震惊世界，至今仍影响着人类处理环境问题的世界八大公害事件：

一、1930年12月1～5日，马斯河谷事件：马斯河谷是比利时的一个狭窄盆地中的工业区，24千米长、两侧环山的河谷上，有炼焦、炼钢、电力、玻璃、制酸及化肥等重工业。12月初，由于气候反常，雾层很厚，工业排放的二氧化硫等有毒有害气体扩散不出去，逐步累积到急性窒息致死的浓度。三天后，这个地段的居民几千人呼吸道发病，60人死亡，同时许多家畜死亡。

二、1948年10月26～31日，多诺拉事件：美国的宾夕法尼亚州多诺拉镇，其工业状况、地理、气象条件与马斯河谷相近。四天里发病的有5911人，占全镇的43%，死亡17人，为平时同期死亡人数8.5倍。其发病率与严重程度与性别、职业无关，而是大气污染所致。

三、20世纪40年代初期，洛杉矶光化学烟雾事件：美国洛杉矶市250多万辆汽车每天排放出大量的碳氢化合物、氮氧化物、一氧化碳，又因该市为依山面海的狭长盆地，每年很多天都在逆温层下，5～10月间阳光强烈，汽车废气在日光作用下，形成以臭氧为主的光化学烟雾二次污染。它对人的眼睛、呼吸系统、皮肤都有直接伤害，严重时可致死，植物生长及抗虫力下降等。

四、1952年12月5～8日，伦敦烟雾事件：12月5日～8日期间，英国全境为浓雾笼罩，逆温层很低，烟尘无法扩散，尘粒和二氧化硫在大气中的浓度比平时高6～10倍，大雾实际成了酸雾。4天中伦敦死亡人数比常年同期多4000人，年长的、幼儿、平时有病的人死亡成几倍增加。居民死亡人数的多少与大气污染状态成正比，在烟雾持续期间，空气中污染物最多，人受危害死的也最多。

五、60年代前后，日本四日市哮喘病事件：四日市地处海港，交通便利，二战后逐渐成了日本的石油炼制和化工基地，这些生产设备刚运行，市民就开始出现了哮喘症状。到60年代初，城市大气污染相当严重，一些地区二氧化硫浓度超标8～10倍，烟雾中含有大量飘尘和金属等有毒粉尘，使该市自1961年以来陆续出现上百人发生哮喘，重者自杀，到1975年仍有千余人因空气污染患支气管炎、哮喘病。

六、1953～1956年，日本熊本县水俣病事件：熊本县水俣港渔民出现中枢神经性病，原因不明。到1956年增到96名，其中18人死亡。研究表明为水俣化肥厂排出的汞侵入鱼体，体内含汞的鱼、贝进入人体所致。

七、1955～1972年，日本富山县神通川流域的骨痛病事件：由于当地居民长期饮用受金属镉污染的河水和稻米，使镉积存在体内损害了肾功能，导致骨骼软化畸形，周身疼痛，先后死亡200多人。

八、1968年3月，日本北九州市爱知县一带米糠油事件：由于生产米糠油过程中的脱臭工艺使用的多氯联苯混入米糠油，人食用后中毒，患病者达5000多人，实际受害过万人。用米糠油中黑油作饲料引起几十万只鸡死亡。

以上事件都有一些共同点，它们都是人类在生产中排放的大量有害物质，逸散空气中，流失河海里，造成环境污染集中或累积作用到人体上，以致短期间爆发人群发病甚至死亡的情况，统称为公害事件。事实上，由于水体、大气、土壤受到污染，或直接或间接危害人体健康的机理十分复杂，一般短时间内表现并不明显，有的甚至影响人的几十年或下一代，且致病致畸的情况，原因多种多样，至今人们对它们的研究还远远不够，其潜在的威胁更为可怕。

最早发生在发达国家的公害事件也使得他们对污染环境的认识更深入些，采取防治对策也更早些。遗憾的是，相当长的时期内我们并没能引以为戒，却在发展中重蹈覆辙，以致上述的公害及公害病在我国都出现过。

人类创造了形形色色的科学技术，促进了生产大发展，同时也空前地污染了环境，恶化的环境用疾病和死亡报复了人类。

你知道环保纪念日的由来吗

　　地球是广阔无垠的宇宙中一颗罕见的"孕育了生命的星球"。如今，它因为人类的行为而患病在身。目前，全球人口正以每年9000多万人的幅度增长，世界人口到21世纪中期将达100亿；全球每年流入海洋的石油达1000多万吨，重金属几百万吨，还有数不清的生活垃圾；全球每年向大气中排放大量的二氧化碳、二氧化硫、一氧化碳、硫化氢等污染物；而全世界森林面积则以每年约1700万公顷的速度消失，平均每天有100多种生物消亡。

　　时至今日，人们才终于明白了：大自然对人类一无所求，而人类只有在大自然的荫蔽下才能得以生存。人类在破坏地球环境的同时，也在毁灭着自己。

　　1970年4月22日，在美国，人们自发地掀起了一场声势浩大的公民环保运动。在这一天，全美国共有2000多万人走上街头游行，呼吁政府采取措施保护环境。这次活动，促使美国政府于20世纪70年代初通过了水污染控制法和清洁大气法的修正案，并成立了美国环保局。而且，它还促成了1972年联合国第一次人类环境会议的召开。从此，4月22日成为"地球日"，它的影响超出了美国国界，成为世界一百四十多个国家的民众进行大规模环保活动的共同纪念日。

　　1987年7月11日，以一个南斯拉夫婴儿的诞生为标志，世界人口突破50亿。为此，联合国人口基金会把1987年7月11日定为"世界50亿人口日"。1990年7月11日，联合国确定并发起举行了第一个"世界人口日"，同时决定从1990年开始，以后每年的7月11日，全世界举行"世界人口日"纪念活动。

　　世界人口在高速增长，到1999年10月12日，全世界的人口总数突破60亿，于是，联合国又将这一天定为"世界60亿人口日"，目的是向全世界的人们宣布世界人口已经增长到了一定的阶段，人口对地球环境产生巨大的压

△ 绿色家园

力，地球已经不堪重负。

　　1972年6月5日，联合国在瑞典首都斯德哥尔摩召开了第一次人类环境会议。出席会议的国家有113个，共有1300多名代表。这次会议提出了响遍世界的环境保护口号：只有一个地球！1972年10月，第27届联合国大会按照它的建议规定每年的6月5日为"世界环境日"，以后每逢"世界环境日"，世界各国都要开展环境保护宣传纪念活动。

什么是正常的空气成分

为了认识什么是大气污染，首先要知道什么是正常的空气成分。正常的空气成分按体积分数计算是：氮（N_2）占78.08%，氧（O_2）占20.95%，氩（Ar）占0.93%，二氧化碳（CO_2）占0.03%，还有微量的惰性气体，mL/m^3如氦（He）、氖（Ne）、氪（Kr）、氙（Xe）等。臭氧（O_3）、氧化氮（NO）、二氧化氮（NO_2）在正常空气中的质量分数分别是0.025毫升/立方米、0.002毫升/立方米、0.004毫升/立方米。

大气的95%分布在地球表面12千米的厚度内。地球的直径是6370千米。大气的厚度相当于直径为1米的地球仪表面2毫米的薄层，即地球直径的千分之二。然而，在地球上生活的人类却离不开空气。1个人1天内大约需要1千克食物、2千克水和13千克的空气。13千克空气的体积为1万升。1个人可以7天不进食，5天不饮水，但断绝空气5秒就会死亡。人体的各种器官依靠血液不停地携带和供给空气中的氧方才能正常工作。可见，正常空气对于人类的生存是是多么重要。

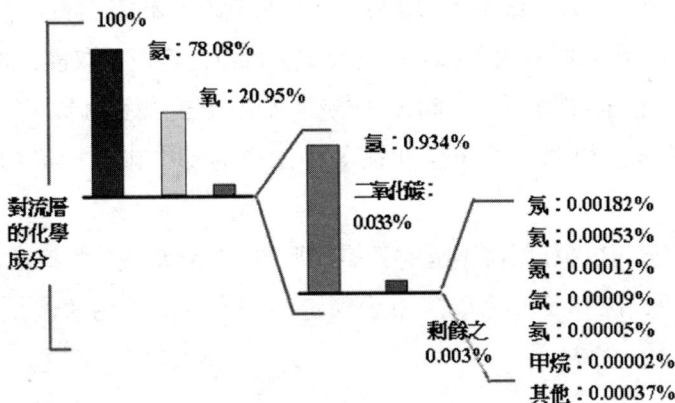

△ 空气成分

什么是大气污染，大气污染物有哪些来源

从广义上讲，大气环境受到外界因素影响直接或间接地改变正常状态，就是受到污染。污染大气的主要污染物是烟尘及有害气体。大量有害物进入大气，破坏正常空气的原来成分，将直接影响动植物生长及人体健康。因大气污染造成的公害事件时有发生。1930年，比利时发生马斯河谷事件，主要污染物是二氧化硫和氟化物，造成数十人死亡。20世纪40年代初期，美国洛杉矶发生光化学烟雾事件，主要污染物是光化学烟雾，死亡数百人。1952年，英国伦敦发生烟雾事件，主要污染物是二氧化硫和粉尘，造成数千人死亡。就这次事件而言，大气中二氧化硫的质量浓度达到3.56毫升/立方米，粉尘的质量浓度高达4.46毫升/立方米，持续时间达4～5天，其危害之严重，死亡人数之多，轰动全世界。在20世纪50～60年代，随着世界工业的突飞猛进，大小公害事件此起彼伏，连绵不断。由于各国的重视，20世纪70年代以来，公害事件才得以缓和大气污染的防治才受到重视。

大气污染物主要来源于人类的生活及生产活动，产生或向外界排放污染物的设备、装置和场所统称为污染源。大气污染源主要有三种：

一、生活污染源，由于城乡居民及服务行业的烧饭、取暖、沐浴等生活上的需要，燃烧各种燃料时，向大气排放污染物形成的污染源。

二、工业污染源，工矿企业在各种生产活动中排放污染物形成的污染源。

三、交通污染源，由交通运输工具排放的污染物形成的污染源。

生活污染源和工业污染源属于固定污染源。交通污染源属于移动污染源。

什么是酸雨

天上下雨，是大自然中一种很普通的自然现象。雨水可以扫去漫天尘埃，使空气更加清新。雨水可以浇灌土壤，滋润庄稼，使大地万物充满勃勃生机。

然而，并不是所有的雨水都会给大地带来生命活力，有时，天上也会降下反常的雨水，那仿佛是魔鬼播撒的毒汁，是死神的祸水，所到之处，树木枯死，田园荒芜，鱼塘酸化，鱼虾丧生。它像强烈的腐蚀剂，使岩石粉化，使钢铁锈蚀。这种天上飘落的祸水就是被称为空中死神的酸雨。

酸雨，顾名思义，是一种酸性的雨，它是因雨水中包溶了一些酸性物质而形成的。在化学上，液体的酸碱程度用pH值表示。pH值等于7时，为中性液体；pH值大于7，液体呈碱性；pH值小于7，液体就是酸性。pH值越小，表明液体酸性越强。家庭中食用的食醋，pH值在3左右，酸倒牙的柠檬汁pH值也不过在2~3。正常情况下的雨水由于溶解了大气中的二氧化碳，故略偏酸性，pH值约为6。国际上规定pH值小于5.6的雨，称为酸雨。

据史料记载，早在1852年，英国化学家史密斯就已发现，在工业化城市，由于烟尘的污染而使雨水呈酸性。在20世纪以前的降雨一般较为正常，酸雨极为罕见。20世纪40年代以后，酸雨才频频发生。尤其是在发达国家如美国、英国、法国、德国、比利时、荷兰等国，都多次出现酸雨。美国自1939年第一次记录到pH值为5.9的降雨以来，酸雨随着工业生产的发展不断加重，pH值在4以下的酸雨已司空见惯，美国的15个州降雨的pH值平均在5以下，西弗吉尼亚州甚至曾降下pH值为1.5的酸雨，这是最严重的记录。在日本，酸雨的最早报道是1971年，这年9月，东京下了一场小雨，使街上的行人感到眼睛刺痛，后来证明是酸雨造成的。随着经济的发展，酸雨危害的范围越来越大，由工业发达国家向发展中国家蔓延，如印度、中国等国家也未能幸免。

1982年6月13日夜里，在我国西南工业城市重庆东南郊，降下一场pH值为4左右的酸雨。雨后，禾苗几天以后纷纷枯死。酸雨严重地腐蚀着嘉陵江大桥，使大桥维修期越来越短，维修费用大幅提高。市区供电系统线路中的金属器件也因为受到酸雨的侵蚀，使用周期缩短了一半。

1998年上半年，中国南极长城站8次测得南极酸性降水，其中一次pH值为5.46。记录还表明，当刮偏南风或偏东风时，南极大陆因为没有人为排放，大气是新鲜的，降水都接近于中性；当刮西北风时，来自南美洲和亚太地区的大气污染物将吹到中国南极站所处的南极半岛，遇到降水，形成酸雨。

北欧的瑞典是一个美丽的多湖国家，全国共有大小湖泊9万多个，由于酸雨的影响，目前已有18万个湖泊呈酸性，主要分布在瑞典南部，其中污染严重的4000个湖泊中鱼类正在急剧减少或几乎所有的鱼都已死光成为死湖。挪威南部有1500个湖泊pH值小于4.3，其中70％没有鱼类；许多河流中，随着河水酸性的增加，先是鲑鱼，然后是鳟鱼都消失了。

位于北美的加拿大由于酸雨倾泻，酸水横流，有4000个大小湖泊中生命绝迹，变成死亡之湖，大片大片的森林枯败坏死。

死神的祸水不仅使草木枯死，鱼虾绝迹，人类也未能幸免其害。美国和加拿大两国仅在1980年一年之内，就有五万多人由于受酸雨中的硫化物的侵害而死亡。

酸雨，像空中飘落的死神，到处洒下扼杀生命的祸水，对草原、森林、鸟兽鱼虫、牲畜家禽和人类等一切大自然的生灵进行疯狂的残害，给大地带来灾难。

酸雨的危害由来已久。早在19世纪中叶，英国科学家罗伯特·史密斯在英国工业城市曼彻斯特，发现当地降落的沾满烟尘的黑色雨水带有较强的酸性。他在《化学气候学》中明确指出，工业污染会对雨水的酸度变化产生影响，并第一次将这种酸性降雨定名为"酸雨"。但是史密斯的重要发现没有引起人们的重视，因为当时工业污染程度还很有限，酸雨的危害还不十分明显。

在史密斯发现酸雨的40年后，科学家保罗·索伦森又一次证实了酸雨的存在，并且提出了测量酸雨的方法，但他的工作仍然没有引起关注。

又过了半个世纪，到20世纪60年代，工业的发展使酸雨出现的次数更频繁，酸雨的酸性更强，危害更大，这时酸雨问题才引起全世界的广泛关注，人们才开始对酸雨开展深入细致的研究。

1963年，美国康奈尔大学教授金·林肯斯率人对新罕布什尔州的哈伯河进行考察研究，发现当地降下酸度很高的雨水，淋到皮肤上使人感到疼，眼睛等器官更觉得受刺激。在此之后，世界各工业发达国家都先后发现了酸雨的存在。1967年，瑞典科学家斯万特欧登在研究了各地降雨情况后首次发表了对酸雨认识的学术论文，指出酸雨对人类来说是一场化学战争，应把酸雨视为危害人类的化学武器。从此，世界各国的科学家和环境部门，把对酸雨的监测、研究和治理列入自己的工作日程。

研究结果表明：酸雨本质上是雨水中含有多种无机酸和有机酸，绝大部分是硫酸和硝酸，多数情况下以硫酸为主。硫酸和硝酸的形成是人类活动造成的大气污染的结果，是人为排放的二氧化硫和氮氧化物转化而成的。

自从人类进入工业社会以后，大批机器投入使用，大量的工厂竞相建立，一个个高大的烟囱不停地向空中喷云吐雾，每年把数以亿吨计的二氧化硫、氮氧化物、氯化氢及其他化合物排放到大气中。各种汽车、火车等交通工具的发动机在燃烧汽油的同时，也把含有大量上述成分的废气排入空气中，造成了大气的严重污染。据估计，由于人类活动，世界上每年有二亿多吨含二氧化硫和氮氧化物的气体排放到大气之中。一旦遇到降雨天气，它们便随同雨水飘落下来形成酸雨。带有酸雨的云还会随同强风一起，把它们传送到很远的地方。

酸雨是建筑物的腐蚀剂吗

酸雨，这个在世界各地游来荡去的恶魔，它走到哪里，就把灾难播撒到哪里。它不仅危害生态环境，扼杀地球生命，还把魔爪伸向它所能接触到的无生命的物质，从美丽的雕塑到古老建筑，从钢铁桥梁到水泥房屋，都在酸雨的腐蚀下受到严重破坏，造成巨大的损失。

酸雨对大理石建筑物的腐蚀作用最为强烈，它可与建筑石料发生化学反应，生成不溶于水的硫酸钙，被水冲刷掉。在雨水淋不到石料的部位，碳酸钙转化为硫酸钙后形成外壳，然后成层剥落。

北京故宫有很多精美的大理石、汉白玉雕刻的艺术作品，都是中国古代艺术家创作的国宝，但近几十年来这些雕刻作品在酸雨的作用下开始变得模糊不清，甚至起了斑点。

印度著名古建筑泰姬陵，原以洁白晶莹举世闻名，可是近二十年来，由于酸雨的腐蚀，这座白色大理石建筑竟泛出黄色。

雅典古城堡，是2000年前人类文明的杰出代表，是希腊民族的骄傲，它以精美绝伦的大理石建筑和雕塑艺术而闻名于世，尤其是那里巍然耸立的巴特农神庙、埃雷赫修庙等古建筑，展现了古代人民高超的智慧和优美的建筑艺术。然而，由于近代酸雨的摧残，这些建筑遭受了很大的损伤，精美的建筑一层层地剥落，面目全非。在著名的巴特农神庙，昔日光滑无瑕的白色大理石柱，被酸雨侵蚀后在表面凝结了一厘米多厚的石膏（硫酸钙）层，完全失去了原先的光泽；神庙上端那些以古希腊神话为题材的大理石浮雕和花纹图案，已被酸雨溶蚀得斑斑驳驳，变得面目模糊。亭亭玉立在埃雷赫修庙前的6位少女神像也已变得污头垢面，失去了往日的神采。

此外，世界上许多地方的古建筑和文化遗迹也都在酸雨的摧残下，经历了与雅典古城堡一样的遭遇。

△ 酸雨示意图

酸雨对金属材料的腐蚀同样不可小觑。酸雨对金属材料有很强的腐蚀作用，使世界各地的钢铁设施、金属建筑物迅速锈蚀，由此造成的损失难以估量。据研究，酸雨对金属材料的腐蚀速率为非酸雨区的2～4倍。

法国的埃菲尔铁塔由于受到酸雨的侵蚀，每年要花大量金钱来维修保养。美国纽约自由岛上的自由女神铜像，早已披上了一层厚厚的铜绿，近20年来，酸雨侵蚀速度显著加快，不得不耗巨资进行清洗和保护。酸雨还使火车轨道、金属桥梁、工矿设施、电信电缆等加速腐蚀，使用期限大大缩短。我国重庆市因酸雨危害严重，金属建筑物腐蚀速度比南京市快得多。像电视塔、建筑机械的维修，路灯及电线的更换频率比南京快1～5倍。嘉陵江大桥的钢梁受酸雨腐蚀，每年锈蚀0.16毫米。

酸雨对地球生物有哪些危害

当今世界，酸雨已成为一大环境公害，它的危害性极大，对生物和生态环境的危害尤为严重。

酸雨首先对植物造成破坏。酸雨降落在植物叶片上，会破坏其角质保护层，伤害叶片细胞，干扰新陈代谢，使植物叶绿素减少，光合作用受阻，引起叶片萎缩和畸形，严重影响植物生长。目前全世界大约有6500万公顷森林遭酸雨污染。中欧有100万公顷森林因遭酸雨侵蚀而枯萎死亡。在法国东部山区，20%的冷杉和云杉遭酸雨危害而处于枯萎状态。在德国有400万公顷森林受酸雨伤害。德国人引以为自豪的黑森林，已有3/4的面积或没树冠，或少树叶，或只剩下枯枝。在北美，也有成片的森林因遭酸雨、酸雾的危害而死亡或生长缓慢。

酸雨降落在土壤中，犹如用稀酸溶液淋洗土壤，使土壤中的钙、镁、钾等营养元素溶出，并迅速流失，使土壤日益贫瘠化；其次，酸雨使土壤酸度增加，从而使土壤中的微生物活性受到抑制，造成大量有机物不能及时、有效地分解，无法被植物吸收，导致土壤肥力下降；酸雨溶进土壤可使本来固定在土壤中的有毒金属镉、铝等分离出来，同水分一起被植物根吸收，从而影响植物生长，甚至造成植物死亡。此外，降落到土壤中的酸雨还能被植物吸收，直接进入植物体内，使植物体内细胞的生长发育受到阻挡，对植物体造成伤害。

酸雨对于生物的危害，首当其冲的是水生生物。江河湖泊中的水一般都是中性或弱碱性，各类水生生物在长期进化过程中，早已适应了这种酸碱度和生长环境。当水体遭受酸雨侵袭后，酸碱度发生变化，就会对水中的鱼类等的生存产生灾难性的影响。研究表明，当水的pH值为6.5时，大多数水生生物就会出现活动失常现象，如果水的pH值降到4.5时，几乎所有的水生生物都将趋于死亡。酸雨降落到河湖中，或由酸雨形成的径流流入河湖中，均可导致河湖的酸化。在酸性水体里，鱼卵不能孵化，幼鱼不能成长；虾类等小生物减少，甚至不能生存；水体中的浮游生物和藻类等低等生物也减少或灭绝，这就断绝了鱼类的

△ 酸雨腐蚀的森林

食物，鱼类也不能生存，这样又破坏了固有的食物链，野鸭、潜鸟、鱼鹰、水獭等以鱼为食的动物，也就无法生息繁衍。酸雨还可将有毒金属从土壤和底泥中溶出，对鱼类造成伤害，使之死亡，甚至灭绝。酸性水质还影响微生物对有机物残体的分解速度，使水质变化，造成鱼类死亡。

酸雨还严重损害人体健康。酸雨或酸雾对人的眼结膜、呼吸道等的伤害程度比干性的二氧化硫大10倍。酸雨还会通过饮用水源等渠道进入人体，对人体造成伤害，诱发多种疾病。据美国有关报告预测，如果酸雨继续泛滥下去，美国每年死于酸雨污染的人数将达到6万。受酸雨伤害最重的是老人和儿童。据有关资料表明，1980年，德国有4000名老人和孩子死于酸雨污染，美国有2.5万人死于酸雨污染。

酸雨还可以像伤害人类一样伤害其他动物，对动物的呼吸道、皮肤造成直接危害，还可以通过食物及饮水进入动物体内造成伤害。

酸雨的治理

　　酸雨污染没有国界，且有越来越严重的趋势，这已引起世界各国的高度重视，正在掀起一场国际性的防治酸雨的斗争。防治酸雨根本的措施就是减少二氧化硫和氮氧化合物的排放。

　　世界上许多国家都在设法削减二氧化硫和氮氧化合物的排放，如欧洲有32个国家于1979年11月13日～15日在日内瓦举行会议，签订了"长距离越境大气污染公约"，要求成员国到1993年，二氧化硫排放量要比1980年减少80%，美国和加拿大也参加了这一公约。1988年签订了索非亚议定书，要求到1994年把氮氧化合物的排放量减少到1987年的水平。因此，多数欧洲国家采取了相应的对策，如制定环境法规、调整能源结构、加强大气污染的监测和科研，以兑现对公约的承诺。我国在1995年新修订了《大气污染防治法》，增加了工业燃煤控制排放二氧化硫的法律条文，根据"谁污染谁掏钱"的原则，推行二氧化硫排放收费制度。在煤炭行业进行了"关产、并产、压产"的工作，到1999年年底，共取缔关闭了3万多处非法和布局不合理的煤矿，压缩煤炭产量2.68亿吨，其中减少高硫煤年产量2200多万吨。

　　减少SO_2污染的最直接的方法就是改用含硫低的燃料，例如，用天然气、煤气低硫油代替原煤；改进燃烧装置，使用低NOX排放的燃烧设备来改进锅炉；烟道气脱钙脱硫；控制汽车尾气排放等。

　　此外，还应积极采取治理措施，如在已酸化的土壤和湖泊中加入熟石灰，中和其中的酸性物质，在短期内可取得较好的效果。瑞典、挪威等国曾向酸化的湖泊中撒石灰，使部分死湖"复活"而重见鱼类。

世界上的水资源有多少

水是自然资源的重要组成部分，是所有生物的结构组成和生命活动的主要物质基础。从全球范围讲，水是连接所有生态系统的纽带，自然生态系统既能控制水的流动又能不断促使水的净化和循环。因此，水在自然环境中，对于生物和人类的生存来说具有决定性的意义。

海水是咸水，不能直接饮用，所以通常所说的水资源主要是指陆地上的淡水资源，如河流水、淡水湖泊水、地下水和冰川等。陆地上的淡水资源只占地球上水体总量2.53%左右，其中近70%是固体冰川，即分布在两极地区和中、低纬度地区的高山冰川，还很难加以利用。目前人类比较容易利用的淡水资源，主要是河流水、淡水湖泊水，以及浅层地下水，储量约占全球淡水总储量的0.3%，只占全球总储水量的十万分之七。据研究，从水循环的观点来看，全世界真正有效利用的淡水资源每年约有9000立方千米。

地球上水的体积大约有1360000000立方千米，海洋占春中1320000000立方千米（约97.2%）；冰川和冰盖占25000000立方千米（约1.8%）；地下水占13000000立方千米（约0.9%）；湖泊、内陆海和河里的淡水占250000立方千米（约0.02%）；大气中的水蒸气在任何已知的时候都占13000立方千米（约0.001%），这样看来，真正可以被利用的水源不到0.1%。

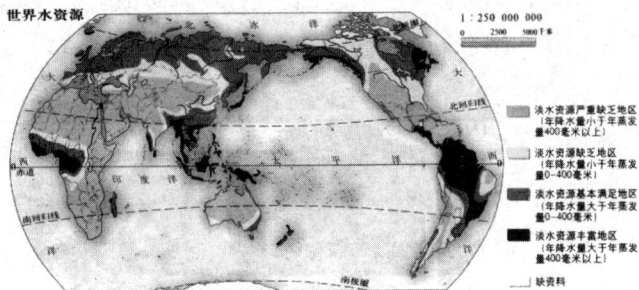

我国水资源的利用现状怎样

中国水资源总量少于巴西、俄罗斯、加拿大、美国和印度尼西亚，居世界第六位。若按人均水资源占有量这一指标来衡量，则仅占世界平均水平的1/4，排名在第一百一十名之后。缺水状况在中国普遍存在，而且有不断加剧的趋势。全国约670个城市中，一半以上存在着不同程度的缺水现象。其中严重缺水的城市有110多个。

中国水资源总量虽然较多，但人均量并不丰富。水资源的特点是地区分布不均，水土资源组合不平衡；年内分配集中，年际变化大；连丰连枯年份比较突出；河流的泥沙淤积严重。这些特点造成了中国容易发生水旱灾害，水的供需产生矛盾，这也决定了中国对水资源的开发利用、江河整治的任务十分艰巨。

中国地表水年均径流总量约为2.7万亿立方米，相当于全球陆地径流总量的5.5%，占世界第五位，低于巴西、俄罗斯、加拿大和美国。我国还有年平均融水量近500亿立方米的冰川，约8000亿立方米的地下水及近500万立方千米的近海海水。目前，中国可供利用的水量年约1.1万亿立方米，而1980年中国实际用水总量已达5075亿立方米，占可利用水资源的46%。

自新中国成立以来，在水资源的开发利用、江河整治及防治水害方面都做了大量的工作，取得较大的成绩。

在城市供水上，目前全国已有300多个城市建起供水系统，自来水日供水能力为4000万吨，年供水量100多亿立方米；城市工矿企业、事业单位自备水源的日供水能力总计为6000多万吨，年供水量170亿立方米；在7400多个建制镇中有28%建立了供水设备，日供水能力约800万吨，年供水量29亿立方米。

农田灌溉方面，全国现有农田灌溉面积近8.77亿亩，林地果园和牧草灌溉面积约0.3亿亩，有灌溉设施的农田占全国耕地面积的48%，但它生产的粮食

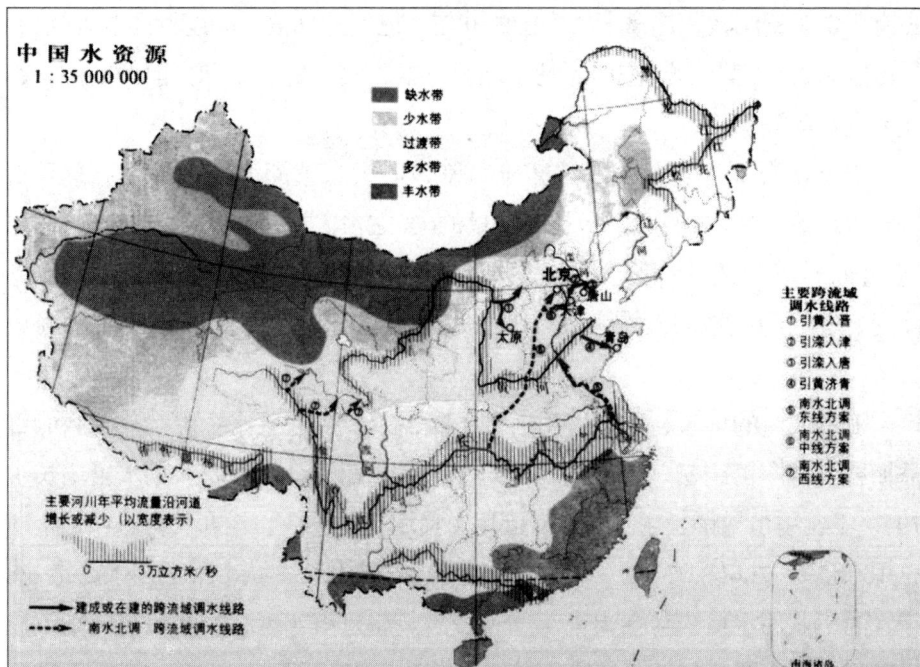

中国水资源
1 : 35 000 000

缺水带
少水带
过渡带
多水带
丰水带

主要跨流域
调水线路
① 引黄入晋
② 引滦入津
③ 引滦入唐
④ 引黄济青
⑤ 南水北调
　 东线方案
⑥ 南水北调
　 中线方案
⑦ 南水北调
　 西线方案

主要河川年平均流量沿河道
增长或减少（以宽度表示）

0　　3万立方米/秒

—— 建成或在建的跨流域调水线路
---- "南水北调"跨流域调水线路

△ 中国水资源分布

却占全国粮食总产量的75％。

防洪方面，现有堤防20万多千米，保护着耕地5亿亩和大、中城市100多个。现有大中小型水库8万多座，总库容4400多亿立方米，控制流域面积约150万平方千米。

水力发电方面，中国水电装机近3000万千瓦，在电力总装机中的比重约为29％，在发电量中的比重约为20％。

然而，随着工业和城市的迅速发展，需水不断增加，出现了供水紧张的局面。据1984年对196个缺水城市的统计，日缺水量合计达1400万立方米，水资源的保证程度已成为某些地区经济开发的主要制约因素。

水资源的供需矛盾，既受水资源数量、质量、分布规律及其开发条件等自然因素的影响，同时也受各部门对水资源需求的社会经济因素的制约。

中国水资源总量不算少，而人均占有水资源量却很贫乏，只有世界人均值的1/4（中国人均占有地表水资源约2700立方米，居世界第88位）。按人均占有水资源量比较，加拿大为中国的48倍、巴西为16倍、印度尼西亚为9倍、前苏联为7倍、美国为5倍，而且也低于日本、墨西哥、法国、前南斯拉夫、澳大利亚等国家。

中国水资源南多北少，地区分布差异很大。黄河流域的年径流量只占全国年径流总量的约2%，为长江水量的6%左右。在全国年径流总量中，淮河、海、滦河及辽河三流域只分别约占2%、1%及0.6%。黄河、淮河、海滦河、辽河四流域的人均水量分别仅为中国人均值的26%、15%、11.5%、21%。

随着人口的增长，工农业生产的不断发展，造成了水资源供需矛盾的日益加剧。从本世纪初以来，到20世纪70年代中期，全世界农业用水量增长了7倍，工业用水量增长了21倍。中国用水量增长也很快，至70年代末期，全国总用水量为4700亿立方米，为建国初期的4.7倍。其中城市生活用水量增长8倍，而工业用水量（包括火电）增长22倍。北京市20世纪70年代末期城市用水和工业用水量，均为建国初期的40多倍，河北、河南、山东、安徽等省的城市用水量，到70年代末期都比建国初期增长几十倍，有的甚至超过100倍。因而，水资源的供需矛盾异常突出。

由于水资源供需矛盾日益尖锐，产生了许多不利的影响：首先，对工农业生产影响很大，例如1981年，大连市由于缺水而造成损失工业产值6亿元。在中国15亿亩耕地中，尚有8.3亿亩没有灌溉设施的干旱地，另有14亿亩的缺水草场。全国每年有3亿亩农田受旱。西北农牧区尚有4000万人口和3000万头牲畜饮水困难；其次，对群众生活和工作造成不便，有些城市对楼房供水不足或经常断水，有的缺水城市不得不采取定时、限量供水，造成人民生活困难；其三，超量开采地下水，引起地下水位持续下降，水资源枯竭，在27座主要城市中有24座城市出现了地下水降落漏斗。

我国为什么容易发生洪涝灾害

由于所处地理位置和气候的影响，中国是一个水旱灾害频繁发生的国家，尤其是洪涝灾害长期困扰着经济的发展。据统计，从公元前206年至1949年的2155年间，共发生较大洪水1062次，平均两年即有一次。黄河在2000多年中，平均3年两决口，百年一改道，仅1887年的一场大水导致93万人死亡，我国在1931年的大洪水中丧生370万人。建国以后，洪涝灾害仍在不断发生，造成了很大的损失。因此，兴修水利、整治江河、防治水害实为国家的一项治国安邦的大计，也是十分重要的战略任务。

随着人口的急剧增加和对水土资源不合理的利用，导致水环境的恶化，加剧了洪涝灾害的发生。特别是1991年入夏以来，在中国的江淮、太湖地区，以及长江流域的其他地区连降大雨或暴雨，部分地区出现了近百年来罕见的洪涝灾害。截至8月1日，受害人口达到2.2亿人，伤亡5万余人，倒塌房屋291万间，损坏605万间，农作物受灾面积约3.15亿亩，成灾面积1.95亿亩，直接经济损失高达685亿元。

除了自然因素外，造成洪涝灾害的主要原因有：

一、不合理利用自然资源。尤其是滥伐森林，破坏水土平衡，生态环境恶化。中国水土流失严重，新中国成立以来虽已治理51万平方千米，但目前水土流失面积已达160万平方千米，每年流失泥沙50亿吨，河流带走的泥沙约35亿吨，其中淤积在河道、水库、湖泊中的泥沙达12亿吨。湖泊不合理的围垦，面积日益缩小，使其调洪能力下降。据中科院南京地理与湖泊研究所调查，20世纪70年代后期，中国面积1平方千米以上的湖泊约有2300多个，总面积达7.1万平方千米，占国土总面积的0.8%，湖泊水资源量为7077亿立方米，其中淡水2250亿立方米，占中国陆地水资源总量的8%。近三十多年来，我国的湖泊已减少了500多个，面积缩小约1.86万平方千米，占现有湖泊面积的26.3%，湖泊蓄水量减少513亿立方米。长江中下游水系和天然水面减少，1954年以来，湖北、安徽、江苏以及洞庭、鄱阳等湖泊水面因围湖造田等缩小了约1.2万平方千米，大大削弱了防洪抗涝的能力。另一方面，河道淤塞和被侵占，行洪能力降低，因大量泥沙淤积河道，使许多河流的河床抬高，减少了过洪能力，增加了洪水泛滥的机会。如淮河干流泄洪能力下降了3000立方米/秒。此外，河道被挤占，束窄过水断面，也减少了行洪、调洪能力，加大了洪水危害程度。

二、水利工程防洪标准偏低。中国大江大河的防洪标准普遍偏低，目前除黄河下游可预防60年一遇的洪水外，其余的长江、淮河等6条江河只能预防10～20年一遇的洪水标准。许多大中城市防洪排涝设施差，经常处于一般洪水的威胁之下。广大江河中下游地区处于洪水威胁范围的面积达73.8万平方千米，占国土陆地总面积的7.7％，其中有耕地5亿亩，人口4.2亿，均占全国总数的1/3以上，工农业总产值约占全国的60％。此外，各条江河中下游的广大农村地区排涝标准更低，随着农村经济的发展，远不能满足目前防洪排涝的要求。

三、人口增长和经济发展使受灾程度加深。一方面抵御洪涝灾害的能力受到削弱，另一方面由于社会经济发展却使受灾程度大幅度增加。尤其是东部地区人口密集，长江三角洲的人口密度为全国平均密度的10倍。全国1949年工农业总产值仅466亿元，至1988年已达24089亿元，增加了51倍。近10年来，乡镇企业迅猛发展，东部、中部地区乡镇企业的产值占全国乡镇企业的总产值的98％，因经济不断发展，在相同频率洪水情况下所造成的各种损失却成倍增加。例如，1991年太湖流域地区5～7月的降雨量为600～900毫米，不及50年一遇，并没有超过1954年大水，但所造成的灾害和经济损失都比1954年严重得多。

水是怎样被污染的

水被污染的原因主要有两种：一是自然的；一是人为的。由于雨水对各种矿石的溶解作用，火山爆发和干旱地区的风蚀作用所产生的大量灰尘落入水体而引起的水污染，这属于自然污染。向水体排放大量未经处理的工业废水、生活污水和各种废弃物，造成水质恶化，这属于人为污染。而人们通常所说的水污染主要是指后一种，而且也是最主要的。

一、水体受污染的过程

一般来说，水自身有自净能力。水的自净能力包括稀释扩散、沉淀堆积、氧化还原以及水中微生物对有机物的分解等。大体可以分四段：第一为污染段，由于大量污染物混入，河流水质恶化，水中溶解氧极少，除了细菌以外，其他生物较少，特别是几乎不存在自氧性生物；第二是分解段，分解有机质的生物逐渐繁殖，生物分解活动激烈，大量消耗溶解氧，鱼类难以生存，出现藻类和需氧较低的原生生物等，而在生化需氧量逐渐降低后，水中溶解氧又逐渐增加；第三为恢复段，藻类、鱼类和其他大型生物重新又活泼起来，水质逐渐变清；第四为清水段，溶解氧接近饱和，水质清洁，自净过程到此完成。

二、水体受污染的原因

人类生产活动造成的水体污染中，工业引起的水体污染最严重。如工业废水，它含污染物多，成分复杂，不仅在水中不易净化，而且处理也比较困难。

工业废水是工业污染引起水体污染的最重要的原因，它占工业排出的污染物的大部分。工业废水所含的污染物，因工厂种类不同而千差万别，即使是同类工厂，生产过程不同，其所含污染物的质和量也不一样。工业除了排出的废水直接注入水体引起污染外，固体废物和废气也会污染水体。

△ 工业用水污染

　　农业污染首先是由于耕作或开荒使土地表面疏松，在土壤和地形还未稳定时降雨，大量泥沙流入水中，增加水中的悬浮物。

　　还有一个重要原因是近年来农药、化肥的使用量日益增多，而使用的农药和化肥只有少量附着或被吸收，其余绝大部分残留在土壤和漂浮在大气中，通过降雨，经过地表径流的冲刷进入地表水和渗入地表水形成污染。

　　城市污染源是因城市人口集中，城市生活污水、垃圾和废气引起水体污染造成的。城市污染源对水体的污染主要是生活污水，它是人们日常生活中产生的各种污水的混合液，其中包括厨房、洗涤房、浴室和厕所排出的污水。

　　世界上仅城市地区一年排出的工业和生活废水就多达500立方千米，而每一滴污水将污染数倍乃至数十倍的水体。

水体污染对人类有哪些危害

水的污染，破坏生态，直接危害人身健康，损害很大。

一、水污染对人体的危害

人体中70～80%是水分，因此长期饮用不良的水质会导致体质不佳，抵抗力自然减弱。再者，长期累积的污染物到达身体无法承受时，再高明的医生、再有效的药物也难奏效。

常见的饮用水水质项目对人体健康的影响如下：

铅：对肾脏、神经系统造成危害，对儿童具高毒性，铅的致癌性已被证实。

镉：对肾脏有急性伤害。

砷：对皮肤、神经系统等造成危害，其致癌性已被证实。

汞：对人体的伤害极大，伤害主要器官为肾脏、中枢神经系统。

硒：高浓度会危害肌肉及神经系统。

亚硝酸盐：造成心血管方面疾病，婴儿的影响最为明显（蓝婴症），具致癌性。

总三卤甲烷：以氯仿对健康的影响最大，致癌性方面最常发生的是膀胱癌。

三氯乙烯（有机物）：吸入过多会降低中枢神经、心脏功能，并对肝脏有害。

四氯化碳（有机物）：对人体健康有广泛影响，具致癌性，对肝脏、肾脏功能影响极大。

美国环境保护署（EPA）针对1971～1994年间由水污染所引起的疾病进行一项调查，在740件案例中，其中因原生动物所引起的共148件，共有数十万人因而致病，是所有原因中最高者。研究发现，原生动物种类中以隐孢子虫及梨形鞭毛虫二种需要特别注意，最常出现在游憩风景区及畜牧养殖地区，其中又以养猪、养鸭二种最多。统计也显示，23年内所造成的死亡病例共89件，而原生动物造成的死亡案例高达70件。

二、水污染对工农业生产的危害

水质污染后，工业用水必须投入更多的处理费用，造成资源、能源的浪费。食品工业用水要求更为严格，水质不合格，会使生产停顿。这也是工业企业效益不高、质量不好的因素。水体污染影响工业生产、增大设备腐蚀、影响产品质量，甚至使生产不能进行下去。农业使用污水，使作物减产，品质降低，甚至使人畜受害，大片农田遭受污染，降低土壤质量。海洋污染的后果也十分严重，如石油污染，造成海鸟和海洋生物死亡。

△ 水污染带来巨大的危害

三、水的富营养化的危害

在正常情况下，氧在水中有一定溶解度。溶解氧不仅是水生生物得以生存的条件，而且氧参加水中的各种氧化–还原反应，促进污染物转化降解，是天然水体具有自净能力的重要原因。含有大量氮、磷、钾的生活污水的排放，大量有机物在水中降解，放出营养元素，促进水中藻类丛生，植物疯长，使水体通气不良，溶解氧下降，甚至出现无氧层。以致使水生植物大量死亡，水面发黑，水体发臭形成"死湖"、"死河"、"死海"，进而变成沼泽。这种现象称为"水的富营养化"。富营养化的水臭味大、颜色深、细菌多，这种水的水质差，不能直接利用，水中鱼大量死亡。

为什么说土地是人类的母亲

土地是人类的栖身之地，是人类生产和生活活动的主要空间场所。土地与人类的关系非常密切。古往今来，人类的生存和发展都与土地息息相关。没有土地，就好比没有空气、阳光与水等基本生存要素一样，人类就无法生存。无论生活在地球的任何地方，也无论那里的气候是热带、温带，还是寒带，土地都是人类生存的空间，是一个国家、一个民族的立足之地。土地还是人类的衣食之源和生产之本，人类日常的衣食住行的资源大部分取自土地，特别是取自土地中数量较少的耕地。粮食、棉花、瓜果、蔬菜要在耕地上生产，房屋要在地面上兴建，城镇更要在土地肥沃的地区发展。离开土地，这一切都无从谈起。难怪人们常把土地比喻为人类的母亲。在漫长的人类历史进展上，是土地这位沉默的母亲用自己的乳汁哺育了人类，慷慨无私地奉献出人类生存繁衍所需要的一切。一位著名诗人说过："我爱故乡，爱祖国，更爱整个大地。因为正是大地将人孕育。"这美好的诗句恰如其分地表达了人类对土地的深深眷恋之情和人类与土地的血肉相连的关系。

一、土壤——生物王国

土壤中栖息着丰富多彩的生物，这些土壤生物是土壤的重要组成部分，正是由于它们的存在和活动，使土壤的肥力不断提高，使各种植物在土壤中茁壮成长。

土壤中的生物多种多样，其中土壤微生物是生存在土壤王国中数量最多的居民。虽然它的质量还占不到土壤有机物的1％，但其数量却大得惊人。据研究，1克土中就有数百万个微生物，其中大部分是细菌，还有数量可观的藻类、真菌、放线菌及原生虫等。

土壤微生物在土壤中起着十分重要的作用。细菌、真菌和藻类是动植物腐烂的主要原因，它们将动植物的残体还原为无机质，形成各种养分，从而

△ 人类的母亲——土地

促进作物的生长。假如没有这些微小的生物，碳、磷、氮等化学元素就无法通过土壤、空气以及生物组织进行循环活动。微生物在土壤里生存，还能产生二氧化碳，并形成碳酸，促进了岩石的分解。土壤中还有一些微生物可促成多种多样的氧化和还原反应，通过这些化学反应使土壤中的铁、锰、硫等一些矿物质发生转移，并转变成植物可吸收的状态。

土壤中微小的螨类和被称为跃尾虫的没有翅膀的原始昆虫的数量也十分庞大。尽管它们很小，却能除掉枯枝败叶，从而促使森林地面碎屑慢慢转化为土壤。例如，有些螨类可在落下的树叶里生活，隐蔽在那儿，并消化掉树叶的内部组织。当螨虫完成它们的演化阶段，树叶就只留下一个空外壳了。另外，土壤里和森林地面上的一些小昆虫，对付大量的落叶植物的枯枝落叶更是有着惊人的本领，它们浸软和消化了树叶，并促使分解的物质与表层土壤混合在一起，极大地提高了土壤的肥力。

土壤中还有许多较大的生物，它们与地面上的生物一样过着杂居生活。其中一些是土壤中的永久居民，如蚯蚓等；一些则在地下冬眠或度过它们生命过程中的一定阶段，如蜘蛛、蜈蚣和昆虫幼蛹等；还有一些是在它们的洞穴和上面世界之间自由往来，如老鼠、蚂蚁等。土壤里这些居民的存在及其活动使土壤中充满了空气，同时也大大地促进了水分在植物生长层的流动，有利于植物的生长。

蚯蚓是土壤中的最重要的居民，在土壤中所起的作用也十分巨大。蚯蚓具有极强的生物转化能力，它可以把土壤中的各种有机废物连同土壤一起吃进去，而排出的则是掺杂了有机物的肥土，排泄物中的钙质被浓缩后，对酸性土壤具有改良作用。蚯蚓粪便是一种优良的有机复合肥料，养分十分丰富，因此蚯蚓出没的地方，土质特别肥沃，植物生长良好。此外，由于蚯蚓在土壤中活动，可使土壤的孔隙增加，从而使土壤排水和空气流通良好。据统计，由蚯蚓翻松的土量，每1000平方米每年可达38～55吨。

二、土壤的净化作用

土壤是由黏土矿物质、腐殖质、微生物、水分和空气等组成的复杂体系。有巨大的表面积，带有电荷，能吸附或吸着各种阳离子、阴离子和某些分子，对一些污染物质能进行蓄积和储存。特别是由于土壤中生活着各种各样的微生物和土壤动物，对外界进入的污染物有一定的分解转化能力。因此，土壤犹如一部硕大无比的"净化机"，永不疲倦地清除着各种污染物，净化着环境。

土壤净化，是指从外界环境进入土壤的污染物质，通过在土壤中迁移、留存、吸附、离子交换和大量土壤生物对农药和重金属及其他有机及无机毒物的吸收、富集、拮抗、降解、转化等复杂过程。有的有毒物质转化为无害物质，甚至转化为植物营养物质；有的被土壤胶体吸附、固定，以至于退出生物循环，脱离食物链，不再危害环境及人体健康。土壤净化的反应机理十分复杂，主要净化方式有下列几种：

一、土壤通过稀释、扩散和挥发作用实现自净。土壤是一个多相、疏松、多孔隙的体系，可使其中的挥发性物质很容易地挥发、释放到大气中。由于土壤本身含有水分和借助于外来水力的作用，可使污染物质稀释与扩散，或被淋洗到耕作层以下。

二、土壤通过氧化还原反应，使污染物改变存在状态而实现自净。土壤是一个氧化还原体系。它以空气中的氧气、高价金属离子等为氧化剂，以有机物和低价金属离子为还原剂，进行多种物质之间的氧化还原反应，加速了有机物质的分解、物态变化和挥发，或使无机物（如重金属）变成不溶解的化合物而被迁移转化，暂时储存起来。

三、土壤通过络合-螯合、离子交换和吸附作用而自净。土壤是一种胶体，可将呈阳离子状态的污染物，如金属离子、化学农药等吸附在胶体中。土壤又是一种络合-螯合体系，可将污染物络合、螯合成十分稳定的络合物或螯合物，使它们退出生物物质循环。

四、土壤可通过化学平衡的缓冲作用、生物降解和合成作用，将污染物转化、降解、沉淀或释放、降低其毒害作用，减轻或消除污染，从而实现自净。土壤溶液是多种物质的缓冲溶液，具有很大的缓冲能力，因此在一定限度内使污染物不会造成污染。土壤是一生物体系，存在着种类繁多，且有各种功能、数量庞大的微生物群和多种低等动物。微生物形成的各种酶类对形形色色的有机物有独特的降解作用，并使之释放出各种养料。土壤中的低等生物的新陈代谢过程也具有使污染物改变物态、转化、去毒的作用。在土壤中，微生物是最杰出的净化能手。如果将浓度为每升30毫克的氰化物溶液灌注到耕作的土壤中，仅需1小时，就有90%的氰化物转化为氨、氮而消失。

什么是土壤污染

土壤是指陆地表面具有肥力、能够生长植物的疏松表层，其厚度一般在2m左右。土壤不但为植物生长提供机械支撑能力，并能为植物生长发育提供所需要的水、肥、气、热等肥力要素。近年来，由于人口急剧增长，工业迅猛发展，固体废物不断向土壤表面堆放和倾倒，有害废水不断向土壤中渗透，大气中的有害气体及飘尘也不断随雨水降落在土壤中，从而导致了土壤污染。凡是妨碍土壤正常功能，降低作物产量和质量，还通过粮食、蔬菜、水果等间接影响人体健康的物质，都叫做土壤污染物。

△ 土壤污染

土壤污染物的来源广、种类多，大致可分为无机污染物和有机污染物两大类。无机污染物主要包括酸、碱、重金属（铜、汞、铬、镉、镍、铅等）盐类，放射性元素铯、锶的化合物，含砷、硒、氟的化合物等。有机污染物主要包括有机农药、酚类、氰化物、石油、合成洗涤剂、3，4－苯以及由城市污水、污泥及厩肥带来的有害微生物等。当土壤中含有害物质过多，超过土壤的自净能力，就会引起土壤的组成、结构和功能发生变化，微生物活动受到抑制，有害物质或其分解产物在土壤中逐渐积累，通过"土壤→植物→人体"，或通过"土壤→水→人体"间接被人体吸收，达到危害人体健康的程度，就是土壤污染。

土壤的污染源有哪些

土壤的污染，一般是通过大气与水污染的转化而产生，它们可以单独起作用，也可以相互重叠和交叉进行，属于点污染的一类。随着农业现代化，特别是农业化学化水平的提高，大量化学肥料及农药散落到环境中，土壤遭受污染的机会越来越多，其程度也越来越严重。在水土流失和风蚀作用等的影响下，污染面积不断地扩大。

根据污染物质的性质不同，土壤污染物分为无机物和有机物两类：无机物主要有汞、铬、铅、铜、锌等重金属和砷、硒等非金属；有机物主要有酚、有机农药、油类、苯并芘类和洗涤剂类等。以上这些化学污染物主要是由污水、废气、固体废物、农药和化肥带进土壤并积累起来的。

一、污水灌溉对土壤的污染

生活污水和工业废水中，含有氮、磷、钾等许多植物所需要的养分，所以，合理地使用污水灌溉农田，一般有增产效果。但污水中还含有重金属、酚、氰化物等许多有毒有害的物质，如果污水没有经过必要的处理而直接用于农田灌溉，会将污水中有毒有害的物质带至农田，污染土壤。例如冶炼、电镀、燃料、汞化物等工业废水能引起镉、汞、铬、铜等重金属污染；石油化工、肥料、农药等工业废水会引起酚、三氯乙醛、农药等有机物的污染。

二、大气污染对土壤的污染

大气中的有害气体主要是工业中排出的有毒废气，它的污染面大，会对土壤造成严重污染。工业废气的污染大致分为两类：气体污染，如二氧化硫、氟化物、臭氧、氮氧化物、碳氢化合物等；气溶胶污染，如粉尘、烟尘等固体粒子及烟雾，雾气等液体粒子，它们通过沉降或降水进入土壤，造成污染。例如，有色金属冶炼厂排出的废气中含有铬、铅、铜、镉等重金属，对附近的土壤造成污染；生产磷肥、氟化物的工厂会对附近的土壤造成粉尘

△ 拉圾污染

污染和氟污染。

三、化肥对土壤的污染

施用化肥是农业增产的重要措施，但不合理的使用，也会引起土壤污染。长期大量使用氮肥，会破坏土壤结构，造成土壤板结，生物学性质恶化，影响农作物的产量和质量。过量地使用硝态氮肥，会使饲料作物含有过多的硝酸盐，妨碍牲畜体内氧的输送，使其患病，严重的导致死亡。

四、农药对土壤的影响

农药能防治病、虫、草害，如果使用得当，可保证作物的增产，但它是一类危害性很大的土壤污染物，施用不当，会引起土壤污染。喷施于作物体上的农药（粉剂、水剂、乳液等），除部分被植物吸收或逸入大气外，约有一半左右散落于农田，这一部分农药与直接施用于田间的农药（如拌种消毒剂、地下害虫熏蒸剂和杀虫剂等）构成农田土壤中农药的基本来源。农作物从土壤中吸收农药，在根、茎、叶、果实和种子中积累，通过食物、饲料危害人体和牲畜的健康。此外，农药在杀虫、防病的同时，也使有益于农业的微生物、昆虫、鸟类遭到伤害，破坏了生态系统，使农作物遭受间接损失。

五、固体废物对土壤的污染

工业废物和城市垃圾是土壤的固体污染物。例如，各种农用塑料薄膜作为大棚、地膜覆盖物被广泛使用，如果管理、回收不善，大量残膜碎片散落田间，从而会造成农田"白色污染"。这样的固体污染物既不易蒸发、挥发，也不易被土壤微生物分解，是一种长期滞留土壤的污染物。

土壤污染的防治

土壤污染危害极大，它不仅会导致大气、水和生物的污染，而且土壤中的污染物会直接影响植物的生长，并且土壤污染物被植物吸收后，还会通过食物链危害人体健康。因此，预防、治理土壤污染是一个亟待解决的环境问题之一。

一、预防土壤污染：首先要控制和消除土壤污染源和污染途径。土壤中的污染物虽然种类很多，究其来源，主要来自工业的"三废"排放，农药、化肥的过量施用等，为此可采用下列几方面措施。

1. 控制和消除工业废水、废气、废渣排放，这是一项十分重要而艰巨的工作：首先，需要改进生产工艺，改进设备，改革原材料等，以减少或消除污染物。如在电镀工业中广泛采用无氰电镀工艺，从根本上解决了含氰废水对环境的污染问题；再如，采用闭路循环用水系统，使废水多次重复使用，可以减少工业废水的排放。

减少工业"三废"排放污染的另一方法是对工业"三废"进行回收处理，化害为利，变废为宝。对当前必须排放的"三废"，要进行净化处理，使其实现无害化。要严格控制排放浓度、排放数量，实行污染物排放总量控制。排放工业"废水"时要严格执行《农田灌溉用水水质标准》中的有关规定。

2. 严格控制化学农药的使用。施用农药时往往有大部分农药进入土壤中造成土壤污染，因此必须控制农药的施用量，对于残留量高、毒性大、半衰期长，在环境中会造成长期危害的农药，要尽量淘汰，暂时不能淘汰的要严格控制施用范围、次数和总用量。要大力研制开发高效、低毒、低残留易降解的新农药，探索和推广生物防治病虫害的新途径，尽可能减少有毒化学农药的使用。

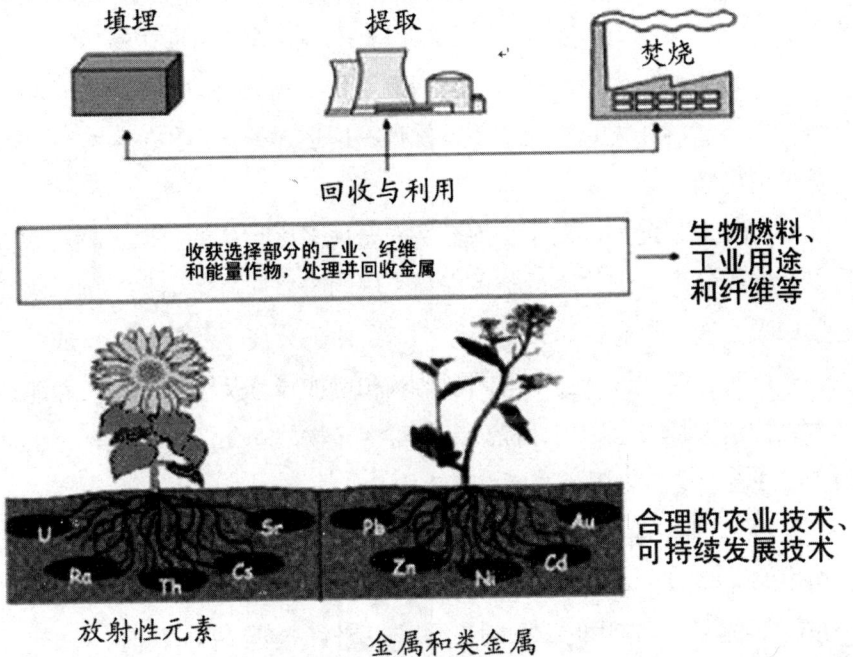

填埋　　　　　　提取　　　　　　　焚烧

回收与利用

收获选择部分的工业、纤维
和能量作物，处理并回收金属

生物燃料、
工业用途
和纤维等

合理的农业技术、
可持续发展技术

放射性元素　　　　金属和类金属

△ 治理土壤

3. 合理施用化肥，严格掌握化学肥料的施用。对于本身含有毒物质的化肥，施用范围和数量更要严加控制。对硝酸盐和磷酸盐肥料，要合理用，对硫酸盐类化肥要选择施用，避免滥施滥用，因使用过多造成土壤污染。

4. 加强污灌区的监测和管理。利用污水灌溉农田时，要严格掌握水质标准，控制灌溉次数和面积，同时结合土壤环境容量，制定允许灌溉年限或植物品种。加强对污灌区土壤和农产品的监测工作，防止盲目滥用污水灌溉而导致土壤污染。

二、治理土壤污染：土壤一旦被污染，其影响在短时期内很难消除，所以治理土壤污染不是一件轻而易举的事情，往往需要长期的努力，并采取综合治理措施才能奏效。治理措施主要有生物防治、增施有机肥料、施加抑制剂、改革耕作制度等。

1. 生物防治土壤污染物质可通过生物降解或植物吸收而净化。发现、分离、培育新的微生物品种，以增强生物降解作用，这对于提高土壤净化能力很重要。例如，美国分离出能降解三氯丙酸或三氯丁酸的小球状反硝化菌种；日本研究了土壤中红酵母和蛇皮藓菌，能降解剧毒性的多氯联苯。另外，某些鼠类和蚯蚓对一些农药有降解作用。羊齿类蕨属植物有较强地吸收土壤中重金属的能力，对土壤中镉的吸收率达10％，连种多年，可大大降低土壤中镉含量。

2. 增施有机肥料。对于被农药和重金属轻度污染的土壤，增施有机肥可达到较好的效果。因为有机肥可提高土壤的胶体作用，增强土壤对农药和重金属的吸附能力；有机质又是还原剂，可使部分离子还原沉淀，成为不可给态；有机质还能促进增强土壤团粒结构和增加养分及保水和透气性能，有利于微生物繁殖和去毒作用，提高土壤对污染物的净化能力。尤其对于含有机质少的沙性土壤，采用此法更为有效。

3. 施加抑制剂。轻度污染的土壤，施加某些抑制剂，可改变污染物质在土壤中的迁移转化方向，促进某些有毒物质的移动、淋洗或转化为难溶物质而减少作物吸收。常用的抑制剂有石灰、碱性磷酸盐等。

施用石灰，可提高土壤的pH值，致使汞、镉、铜、锌等形成氢氧化物沉淀，还可降低作物对放射性物质的吸收，可降低吸收率的70～80％。磷酸镉的溶解度比碳酸汞和氢氧化汞更小，磷酸镉的溶解度也很小，因而施加磷酸盐对消除、减轻汞和镉的危害程度具有重要意义

4. 改革耕作制度。改变耕作制度，从而改变土壤环境条件。可消除某些污染物的危害。如被滴滴涕污染的土壤，若旱田改为水田，可大大加速滴滴涕的降解，仅一年左右土壤中残留的滴滴涕即可基本消失。另外，植物对农药的吸收也是有选择性的，因此，采用稻麦或稻棉水旱轮作，是减轻和消除农药污染的有效措施。

此外，对于严重污染的土壤，在面积不大的情况下，可采取客土换土法，这是彻底消除土壤污染的有效手段，对换出的污染土必须妥善处理，防止二次污染。另外，还可将污染土壤深翻到下层，埋藏深度应按不同生物根系发育情况而定，以不污染作物为宜。

什么是沙尘暴

在气象学中，将沙尘天气按水平方向能见度的大小分为沙尘暴、尘和浮尘三个等级。当强风把大量的沙尘卷到空中，造成空气非常浑浊，使水平方向的能见度小于1000米的风沙现象称为沙尘暴，其中水平能见度为50~200米的称之为黑风暴；当风力较大时，地面上的沙尘被风吹起，浑浊的空气使水平能见度为1~10千米时，则为扬尘天气；而当沙尘暴和扬尘天气过后，天空中残留的细粒浮游物，使太阳呈现不刺眼的苍白色或淡黄色，水平能见度小于10千米时就成了浮尘天气，俗称"落黄沙"。

△ 沙尘暴

我国的沙尘天气是怎样形成的

　　沙尘天气的形成是由天灾和人祸两个方面的因素造成。先看天灾因素，专家们经过一系列的研究和分析后明确指出，强沙尘天气之所以屡屡肆虐我国大部分地区，是由于气候异常所造成。尤其是2000年正处在厄尔尼诺现象（指热带东太平洋洋面上水温异常降低的现象）的高峰期，造成我国北方1999年冬天和2000年的春天强寒潮大风频繁出现，再加上春天西北东部地区和华北地区气温显著升高，而同期降水又少，地上植被还未形成，所以造成解冻之后大面积表层土壤干燥、疏松，因而引起了多次强沙尘的天气。

　　国内外发生的天灾中十有八九是由于人类的活动失误或与自然不协调而引起的。与沙尘暴有关的行为归纳起来有滥垦、滥牧、滥伐、滥采、滥耗水资源五个过滥。滥垦是指在人口增长和短期利益的驱动下，无节制、无计划地开垦，导致了大面积土地沙漠化，为沙尘暴的形成提供了丰富的物质基础——沙尘。滥牧是指过度放牧，导致草原退化、沙化。以全国最大的某羊绒生产公司为例，年产羊绒衣服380万件，约需消耗3800吨羊绒，而一只山羊每年春天只能产0.2千克羊绒，也就是说，需要1900万只山羊才能满足需要。急剧消费的需求，为过度放牧找到了"借口"，白云般的羊群涌向了草原，进行了"地毯式"的啃食，继而大片草原迅速退化、沙化。内蒙古昭和、甘肃会宁等地的羊群正在啃着斑斑点点的短草根，黄沙的到来已为期不远了。

　　滥伐是指由于滥伐林木，造成流沙四起。据陆地卫星影像分析，河北省从1987年到1996年的九年内，森林面积减少1/3，相反流沙的面积增加了近一倍。

　　滥采是指因无节制地采药而损害了大量的植被。例如，在内蒙古的呼伦贝尔草原长着一种叫"防风"的中药材，每年春季到秋季都会有许多人骑着摩托车甚至开着大卡车进入草原非法挖掘。据了解，陈巴尔虎旗西乌珠尔

△ 强风是沙尘天气产生的动力

1200平方千米的草场，近50％的面积已被破坏。专家警告，若不尽快制止在呼伦贝尔草原上挖药材，那么不出10年那里将变成荒漠。

滥耗水资源是指各地对水资源的利用缺乏科学管理，浪费现象十分严重。例如，我国一直沿用大水漫灌的方式进行灌溉，这不仅浪费了水资源，而且还造成土地盐渍化。又如西北地区水资源严重短缺和分配不均，造成生态用水困难，使大面积天然林死亡，植被干枯，土地失去了保护屏障。

根据国家林业局发布的调查结果表明，我国已是荒漠化危害最严重的国家之一。目前，荒漠化土地面积已高达262万平方千米，占国土面积的27.3％，而且每年还以2460平方千米的速度扩展。在全球气候变暖和我国北方地表植被状况没有根本好转的情况下，今后如再遇上厄尔尼诺现象等引起强冬季风，那么沙尘暴的天气仍有可能出现。

沙尘暴对人类的危害

沙尘暴可能诱发多种疾病，采取适当的防范措施很有必要。

一、诱发疾病

沙尘暴可能诱发过敏性疾病、流行病及传染病。沙尘对人体的呼吸系统危害最大，通常情况下，人的鼻腔、肺等器官对尘埃有一定的过滤作用，但沙尘暴这种剧烈天气现象带来的细微粉尘过多过密，极有可能使患有呼吸道过敏性疾病的人群旧病复发。即使是身体健康的人，如果长时间吸入粉尘，也会出现咳嗽、气喘等多种不适症状，导致流行病发作。

浮扬的尘土使眼疾、呼吸道疾病的发病率大大提高，尤其是老人、孩子对环境变化适应力低，容易患病。许多细小的可吸入颗粒物进入并存留在人的肺中，不利于身体健康。漫天的黄沙还使人感到压抑、郁闷。

此外，大风跨越几千千米，将沿途的病菌吹到下风向地区，其中可能包括一些传染病菌。抵抗力较差的老年人、婴幼儿以及患有呼吸道过敏性疾病的人群，应该待在门窗紧闭的室内，尽可能远离粉尘源。一旦发现身体有明显不适感，必须立刻到医院查清病因。

二、户外活动受阻

城市里有一部分人群因职业需要必须在室外活动时，最好用湿毛巾、纱巾保护眼睛和口，但需要提醒的是，这种简单防护对病毒不起作用。在沙尘暴退去前，建筑工人、清洁工人都应该暂时停止户外操作，多喝水，多吃清淡食物，不要购买街头露天食品。

沙尘使空气的能见度大幅下降，给人们出行带来诸多不便，因此极易导致交通延误或恶性事故。

三、大风导致灾害

大风导致铁路、航空交通中断；火借风势，火灾隐患增加；电力系统受

△ 沙尘暴能诱发各种疾病

损，工厂停产；人畜生命安全受到威胁。

四、对工农业的影响

沙尘暴对照相机、计算机等精密仪器影响较大，使用者切不可掉以轻心。产品生产需要洁净空气的一些厂家也成了沙尘天气的受害者。在这样的空气条件下，难以生产出符合标准的产品，给厂家造成一定的经济损失。

飞扬的尘土大部分都降落到了叶片上，影响植物的呼吸和光合作用，风蚀加剧了土地沙漠化。春季正是农作物生长的关键时期，沙尘天气肯定会影响农作物的产量。

近年来，我国北方频繁出现的沙尘天气有可能给农业生产带来一定的灾害损失。不过由于最近十几年来北方的风沙天气有所减弱，民政部门没有把沙尘天气列入灾害统计范围。

如何防治沙尘暴

沙漠是引起沙尘暴的沙源，所以治沙和防止土地沙漠化是防治沙尘暴的关键；植树种草，加大防护林的建设，增加森林覆盖率是防沙的最好途径。据测算，当植被覆盖率达到70％时，近地表风速会降低62.8％，沙的输送量会降至0.25％以下。

我国政府对于生态环境的建设十分重视，开展了东北、华北、西北防沙、治沙和防护林工程的建设。各地根据当地的实情，采取了相应的措施。例如，内蒙古自治区党委和政府制定了保护草原的《内蒙古自治区草畜平衡规定》，要求全区牧业旗（县）大力推行舍饲圈养，采取禁牧、季节性禁牧、划区轮牧等措施，从2000年7月1日开始，对违禁者实行严厉经济制裁。又如，青海省黄河源头综合治理工程采取了封山育林的措施，并结合草地灭虫灭鼠以有效增加草地覆盖率。在实践中，我国西北地区取得了成功治沙的经验，如格式化的植草治沙受到了联合国的推荐；还出现了一批批治沙英雄、治沙企业。上海永业集团于2000年5月与美国汉密尔公司签署了引进防沙技术的合作备忘录，首次将能迅速抑制沙尘飞扬、迅速改善土质的PR040DC环保产品引进到国内。又如，江西省农科院青年博士陈光宇利用现代生物技术治理风沙，在南昌市赣江古河道沙漠化土地上试种芦笋，经过三年的努力，获得成功，既锁定了风沙又形成了产业，这一成果已获得欧共体治沙专家的首肯，并投资100万元为基地增添设备，将该项目纳入欧共体与中国的合作项目。

何谓温室效应

地球温度是由太阳辐射热量到地球表面的速率和吸热后的地球将红外线散发到空间的速率决定的。同样，全球变暖的基本原理可以通过考虑两种辐射能来理解：一种是加热地球表面的来自太阳的辐射；另一种是射向太空的来自地球和大气的热辐射。

从长期来看，地球从太阳吸收的能量必须同地球及大气层向外散发的辐射能相平衡。如果这种平衡被破坏，它可以通过地球表面温度升高来恢复。氮气和氧气占大气组成的大部分，它们既不吸收也不发射热辐射。而在大气中以相当小量存在的水蒸气（H_2O）、二氧化碳（CO_2）和其他微量气体，如甲烷（CH_4）、臭氧（O_3）、氟利昂（CFC）等化学气体，既可以使太阳的短波辐射几乎无衰减地通过，又可以吸收地球的长波辐射，从而使地表升温。因此，这类气体像玻璃一样，具有保温作用，被称为"温室气体"。

温室气体吸收长波辐射并将热量反射回地球，从而减少向外层空间的能量净排放，对大气层和地球表面起着保温的作用，这就是"自然温室效应"。将它称为"自然"，是由于所有的大气气体（除氯氟烃外）远在人类出现之前就已经存在了。随着人类的出现以及人类活动范围逐步扩大，也就产生了"增强温室效应"，这种"增强"的效应是人类活动（如化石燃料燃烧和森林破坏）向大气中排放有毒有害的气体造成的。

在直接受人类活动影响的主要温室气体中，二氧化碳起着重要的作用，对温室效应的贡献率为55％，甲烷、氟利昂和一氧化二碳也起相当重要的作用。从长期气候数据比较来看，在气温和二氧化碳之间存在显著的相关关系。

温室气体的来源

温室气体的增多，有自然原因和人为原因：火山喷发、太阳活动、海水增温等都会对气候的冷暖有所影响，属于自然原因；而矿物燃料的燃烧、砍伐森林、制冷设备及泡沫塑料的使用等，会产生大量的污染气体，改变大气的组成成分，属于人为原因。

据美国国家实验室的报告，自工业革命以来，大气中二氧化碳的浓度，已增长了30％，甲烷增长了1倍，氮氧化物增长了15％。二氧化碳剧增的原因有两个方面：一是工业化发展和人口剧增，对矿物燃料的需求量增大，释放的二氧化碳增多；二是森林的大片砍伐，使森林对二氧化碳的吸收量减少。

目前，矿物能源消耗占全部能源消耗的90％，而热带森林则正以每年平均900～2450平方千米的速度从地球上消失。现在全球二氧化碳的排放量已超过了220亿吨。由于能源一时还无法做到"替代"，由燃烧石油、煤、汽油等矿物燃料产生的二氧化碳在大气中聚集，且呈上升趋势，矿物燃料的使用占一次能量消费量的87％。到20世纪中叶，大气中的二氧化碳可能比现在增加60％，比工业革命前增加1倍。这样，地球将平均升温2～3℃，某些地区将上升8℃以上，有的地区甚至更高。

大气中甲烷浓度也在逐年增加，甲烷的来源有两种：一种是自然源，如沼泽和其他湿地中的厌氧腐烂，甲烷排放不到总排放量的25％；另一种是人为源，如水稻种植、家畜饲养、生物物质燃烧、化石燃料生成和使用、垃圾填埋以及北极冻土带的回暖等。据研究，大气中甲烷的含量与世界人口数量密切相关，在过去600年中二者的增加是一致的。

氟利昂属氯氟烃类，是人类的工业产品（主要是制冷设备工业），即在工业革命前的大气中是不存在的。它被广泛用作制冷剂、喷雾剂、溶剂和塑料生产的发泡剂。研究表明，氟利昂导致全球温室效应引起的温度升高占了

部门 | 最终使用/活动 | 气体

部门
- 交通 13.5%
- 能源
- 电力与热力 24.6%
- 其他的燃料燃烧 9.0%
- 工业 10.4%
- 逃逸排放 3.9%
- 工业生产过程 3.4%
- 土地使用的变更 18.2%
- 农业 13.5%
- 废弃物 3.6%

最终使用/活动
- 公路 9.9%
- 航空 1.6%
- 铁路，轮船及其他交通方式 2.3%
- 居住建筑 9.9%
- 商业建筑 5.4%
- 未分配的燃料燃烧 3.5%
- 铁和钢 3.2%
- 化工产业 4.8%
- 水泥 3.8%
- 其他工业 5.0%
- 石油/天然气加热及处理 6.3%
- 森林砍伐 18.3%
- 植树造林 -1.5%
- 造林 -0.5%
- 收割/处理 2.5%
- 其他 -0.6%
- 农业能源消耗 1.4%
- 农业土壤 6.0%
- 牲畜和粪肥 5.1%

气体
- 二氧化碳 (CO_2) 77%
- 氢氟碳化物 六氟化硫
- 甲烷 (CH_4) 14%
- 一氧化二氮 (N_2O) 8%

水稻种植 1.5% — 铝，有色金属 1.4%
其他农业 0.9% — 机械 1.0%
垃圾填埋场 2.0% — 纸浆-造纸和印刷 1.0%
废水，其他废弃物 1.6% — 食品和烟草 1.0%

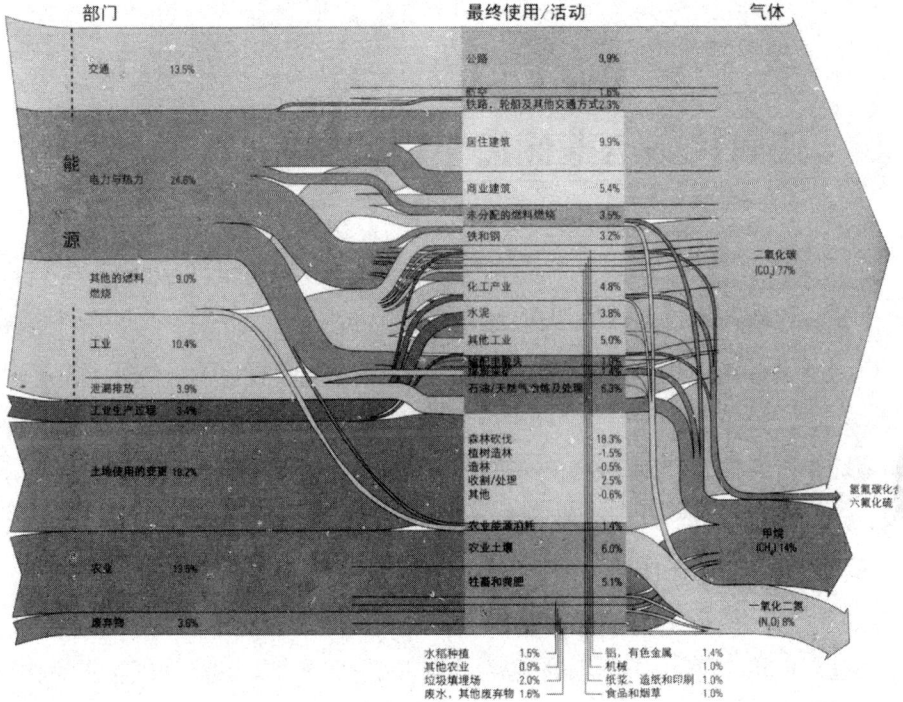

△ 全球温室气体排放流程图

很大比重，如此下去，氟利昂将成为仅次于二氧化碳的温室气体。

大气中一氧化二氮的含量过去一直较稳定，直到150年前才出现了每年0.2~0.3%的增长趋势。目前人类活动产生的一氧化二氮释放源主要有化肥使用、毁林、化石燃料和生物物质的燃烧，以及其他农业活动。通过燃料燃烧和化肥的使用，原来化学性质不活跃的氮化合物可以转变成化学性质活跃的氮氧化物，特别是一氧化二氮。

除了温室气体的直接排放以外，全球的土地利用状况和土地覆盖类型也发生了很大变化，加强了全球变暖的程度。对全球变化而言，最重要的土地覆盖变化是森林转化为农田。人口增长的巨大压力，使大面积森林被砍伐，林地转化为农田用于生产食物。其中热带森林的砍伐尤其严重。

二氧化碳与地球热平衡的关系

二氧化碳在地球大气中至少已经存在20亿年了，长期以来，大气中二氧化碳的浓度是280/106（即0.028％），但是从工业革命以来，特别是从20世纪以来，主要由于煤、石油和天然气等化石燃料的大量燃烧，致使二氧化碳的全球平衡受到了严重干扰。从1850～1996年，由于人类的活动（交通、取暖、工业燃煤燃油、砍伐森林等）使大气中二氧化碳的含量已增长了25％，甲烷的含量增加了1倍。

目前，人类每年大约向大气中释放100亿吨二氧化碳，其中约有2/3被海洋吸收，1/3保留在大气中。据测定，从1850～1996年，地球大气中二氧化碳的浓度已经从280/106增加到了350/106。估计到2100年，人类每年向大气中释放的二氧化碳将会达到300亿吨，这就意味着二氧化碳在空气中的含量增加两倍。大气中二氧化碳浓度的增加会通过温室效应影响地球的热平衡，使地球温度上升。

温室效应是由二氧化碳的一种特殊性质决定的，入射地球的太阳辐射热大都是波长在1500纳米以下的短波光（主要是380米～760纳米的可见光）。而地球的反射热大都是波长范围4000～20000纳米的长波光，而二氧化碳一般不吸收短波光，最容易吸收波长范围在4000～5000纳米之间和14000纳米以上的长波光。因此，大气中二氧化碳浓度的增加不会阻挡太阳辐射热到达地球表面，却会吸收地球的反射热，使地球的热量输出少于热量收入，这就必然要导致地球的增温。

从1880～1940年，地球北半球的温度一直在增加，在此期间，几种著名的美洲动物如负鼠和狁狳的分布区向北推移了很远。20世纪70年代与60年代相比，北半球的平均温度上升了0.2℃，按此趋势发展下去，到2100年地球温度可能要上升3～4℃。

这种地球平均温度的上升对气候的影响，相当于气候带向南北两极推进150～500千米，在山区则相当于0℃等温线向上攀升150～500米。届时，15～75％的森林将受到影响，沿海生态系统也很容易由于海平面的升高而受到损害。此外，还会出现降雨带的变化，影响农业生产。

一些科学家认为，除了二氧化碳以外，至少还有15种微量气体（如二氧化氮和甲烷等）也具有温室效应，如果把这些微量气体也考虑在内，那么，50年后地球的温度就会上升3～6℃！那时候，世界气候和全球农业格局将会发生怎样的变化，以及这种变化会对人类产生什么影响就很难预测了。

地球大气温度升高首先会使占地球总水量2％的两极冰盖开始融化，特别是不太稳定的南极洲西部的冰盖更容易融化。据澳大利亚南极科学家德拉马雷研究，从20世纪50年代初期到70年代初的20年内，南极海冰可能已经融化了25％，因为南极夏季的海冰边缘从10～4月平均向南移动了2.8度，这就意味着有海冰覆盖的地区减少了约25％。这种海冰面积的变化具有全球性的意义，因为南极地区的冰盖是全球气候系统的重要组成部分。

另据美国人造卫星观察，南极的冰盖正在融化，同时，南极洲边缘的大浮冰从30年代以来正在逐渐缩小。这种情况将不可避免地导致海平面上升，据科学家研究，在过去的四十多年间，已经有41000立方千米的冰融化，使世界海平面上升了13厘米。

目前海平面还在继续上升，每年上升1.5～6毫米不等，约为40年前海平面上升速度的10倍！据曾经参加联合国气候变化专门委员会工作的法国科学家茹泽尔推算，海平面升高50厘米就将使5000万至1亿人口受到海潮、水灾等的威胁，比如，在孟加拉国就会有17％的领土面临威胁，太平洋上的某些岛屿将会被淹没和热带疾病的传播范围会扩大等。

据估计，地球的平均温度只要上升几摄氏度，海平面的上升就会对许多沿海城市构成威胁。有些科学家认为，地球正处在一次间冰期的末期，大气中二氧化碳浓度的增加可能会推迟下一次冰期的到来。地球温度升高还可能引起大气环流气团向两极推移，改变全球降雨格局，此外，大洋也会随海水温度的升高而把它们溶解的二氧化碳更多地释放出来，加速地球的转暖过程。

△ 地球热平衡

有些生态学家认为，热带森林和海洋对大气中二氧化碳含量变化所起的作用要比化石燃料的燃烧大得多，因为热带森林和海洋是二氧化碳的主要吸收者。森林本身储存着$482×10^9$吨碳，每年还要通过光合作用从大气吸收$33.6×10^9$吨碳，而海洋中的绿色植物（主要是单细胞藻类）在光合作用中释放出的氧气，据科学家估计，是控制大气中二氧化碳含量的主要因素，并贡献地球总光合作用释氧量的80%。

因此，生态学家认为，热带森林的破坏和海洋的污染是引起大气二氧化碳含量发生变化的主要原因。目前地球上热带森林的面积与100年前相比已经减少了3/4，而且还在以每年1100万公顷的速率消失着，预计到21世纪初，大面积的热带森林将仅存在于巴西和非洲中部，而地球上其他森林的面积也正在以惊人的速度减少，而且也必将影响全球的气候。

今后，随着石油和天然气蕴藏量的下降，预计煤的使用量会相应增加，而烧煤比烧石油和天然气所释放的二氧化碳要分别高出1.8倍和1.6倍。因此，地球转暖的趋势可能会加强。

虽然大多数科学家认为目前地球正在经历一个转暖的过程，但是也有一些人持有不同的看法，两种观点已经争论了很多年。然而，不管争论的结果如何，人类的活动正在影响地球的热平衡，而地球热平衡的失调必将对人类的生存和发展产生深刻影响，这一点是毫无疑问。

在地球无可避免地变暖之后，为了逃避炎热，科学家们正在提出一个极富想象力的科学设计，即给地球撑把伞。一些科学家提出向太空发射4颗人造卫星，卫星上分别设置激光发射器和反射镜。由于这些漫射的激光很像是一把光栅伞，所以当太阳红外线穿过时，一部分便被这把光栅伞遮挡住并被折射回去，从而使地球降温。

还有些科学家通过计算指出，只要把太阳投射到地球上的日光用伞遮去3%左右，即可消除因大气中二氧化碳浓度增加而引起的全球变暖趋势。把伞应放置在太阳和地球连线上距地球150万千米的地方，因为只有在这个地方，这把巨伞相对于运动中的太阳、地球和月亮的距离才是恒定不变的，以便它能真正起到遮阳的作用。为了制造方便，巨伞将由成千上万个单元拼接而成，其中每个单元都有一套由电脑控制的自控系统。为了降低制造成本，制伞的原材料可就近取自月球或其他星体。

当然，为地球撑把伞还只是一个新奇的科学设想，当务之急还是尽量减少二氧化碳的排放量，以便从根本上防止地球转暖的进程。为达此目的，人类已开始进行具有划时代意义的全球合作。美国是排放二氧化碳最多的国家，年排放量为5228.52×106吨（占世界总排放量的23.7%）。而全球的二氧化碳总排放量是200亿吨。

为了切实减少二氧化碳的排放量和保护人类赖以生存的全球环境，联合国于1997年12月1～10日在日本京都召开了有150多个国家和地区参加的联合国全球变暖大会，会议经过激烈的讨价还价，终于在最后一天达成了具有法律约束力的《京都协议》。

协议以1990年二氧化碳的排放量为基准，对工业发达国家二氧化碳的排放量规定了削减量，其中英国、法国、德国、意大利、荷兰等26个国家必须削减8%；美国削减7%；加拿大、匈牙利、日本和波兰削减6%；克罗地亚削减5%等。这些削减必须在2006～2010年之间达到。只要各国为了全人类的整体利益而实行真诚的国际合作，抑制全球变暖的趋势是完全能够做到的，京都会议最后取得成功就说明了这一点。

全球变暖会产生什么样的影响

　　全球变暖将给地球和人类带来复杂的潜在影响，既有正面的，也有负面的。例如随着温度的升高，副极地地区也许将更适合人类居住；在适当的条件下，较高的二氧化碳浓度能够促进光合作用，从而使植物具有更高的固碳速率，导致植被生长的增加，即二氧化碳的增产效应，这是全球变暖的正面影响。但是与正面影响相比，全球变暖对人类活动的负面影响将更为巨大和深远。

　　一、全球变暖对海平面的影响

　　根据统计资料，近百年来气候增暖0.6℃，海平面大约上升了10～15厘米。政府间气候变化委员会对未来海平面上升幅度的预测为：如果温室气体排放按目前速度增长，海平面将按每10年平均6厘米的速度上升，到2030年将上升20厘米，2100年将上升66厘米。影响本世纪海平面升高的因素，主要是海水热膨胀，当海洋变暖时，海平面则升高。全球升温会引起地球南北两极的冰山融化，这也是造成海平面上升的主要原因之一。

　　海平面上升的直接影响主要有以下几个方面：低地被淹、海岸被冲蚀、地表水和地下水盐分增加、地下水位升高。这将影响沿海和岛国居民的生活（占世界人口的1/3），使之受到各种威胁。如果极地冰冠融化，经济发达、人口稠密的沿海地区会被海水吞没，马尔代夫、塞舌尔等低洼岛国将从地面上消失，上海、威尼斯、香港、里约热内卢、东京、曼谷、纽约等海滨大城市以及孟加拉、荷兰、埃及等国也将难逃厄运。

　　二、全球变暖引起气候变化

　　全球变暖引起的气候变化将导致许多地方水分供给的巨大变化，温度增加意味着降落到地上的水将被更多地蒸发，如果有更多的降水来补充蒸发，则不会产生什么影响。然而，据科学家模拟实验显示，除了东南亚季风区的降水将增加外，世界上其他一些地区的降水将减少，尤其是在夏季。这就意味着，许多地区对水分短缺的脆弱性将加大，而同时另一些地方则频繁发生洪涝灾害。

在干旱和半干旱地区，降水减少将造成更严重的干旱甚至沙漠化；在大陆地区，夏季降水减少和温度增加将导致土壤水分的大量损失，从而增加了干旱的脆弱性；在亚洲季风区，降水的增加将导致洪水发生的概率增大。

此外，洪涝、干旱、高热、高寒等自然灾害发生的频率及其季节变化、降水的年际变化和空间分布都会改变（如低纬度地区夏季降水则会减少），热带风暴将频频登陆，一些地区水质也会因干旱而变差，进而影响人类生产和生活。在不正常的大气环境下，寒冷季节将会延长，气候带也将发生移动，中国把冬季1月0℃等温线作为副热带北界，这一界线目前处于中国秦岭——淮河一带。研究发现，气温升高会使这一界线北移至黄河以北，徐州、郑州一带冬季气温将与现在杭州和武汉相似。

三、全球变暖对生物多样性的影响

气候是决定生物群落分布的主要因素，气候变化能改变一个地区不同物种的适应性，并能改变生态系统内部不同种群的竞争力。自然界的动植物，尤其是植物群落，可能因无法适应全球变暖的速度而做适应性转移，从而惨遭厄运。

以往的气候变化（如冰期）曾使许多物种灭绝，未来的气候将使一些地区的某些物种消失，而有些物种则从气候变暖中得到益处，它们的栖息地可能增加，竞争对手和天敌也可能减少。

四、全球变暖对农业的影响

1. 全球变暖使全球粮食总产量有所下降。一年中温度和降水的分布是决定种植何种作物的主要因素，温度及由温度引起降水的变化将影响到粮食作物的产量和作物的分布类型。

气候的变化曾经导致生物带和生物群落空间（纬度）分布的重大变化，如公元800～1200年，北大西洋地区的平均温度比现在高1℃，使玉米在挪威种植成为可能，但到了公元1500～1800年，西欧出现小冰川期，平均气温也只比现在低1～2℃，就造成了挪威一半农场弃耕，冰岛的农业耕种活动则几乎全部停止。

2. 二氧化碳是形成90％的植物干物质的主要原料。光合作用强度与二氧化碳浓度的关系很密切，不同作物对二氧化碳的浓度要求是不一样的。

世界上20种主要粮食作物中，有16种（如小麦、水稻）对二氧化碳敏感，二氧化碳倍增可能使其增产10～50％，有利于农业生产；但有一些作物（如玉米、高粱、甘蔗）对二氧化碳的敏感性很差，二氧化碳浓度倍增只能使其增产0～10％，同时还要承受因二氧化碳增加而长势更旺的杂草压力，因而二氧化碳倍增对许多以种植玉米、高粱为主地区（如非洲撒哈拉沙漠南部）的谷物生长不一定有利。

3. 病虫害。由于昆虫是变温动物，受气候的影响特别明显，气候变暖使得分布区边缘的农作物害虫有可能向区外扩展，而且使许多害虫的越冬存活率提高，会导致疾病和病虫害的发生率增大。

五、全球变暖对人类健康的影响

人类健康取决于良好的生态环境，全球变暖将成为影响本世纪人类健康的一个主要因素。极端高温对人类健康的影响将变得更加频繁、更加普遍，主要体现为发病率和死亡率增加。

全球增暖直接影响呼吸器官疾病、过敏和传染病，尤其是疟疾、淋巴腺丝虫病、血吸虫病、钩虫病、霍乱、脑膜炎、黑热病、登革热等传染病将危及热带地区和国家，某些目前主要发生在热带地区的疾病可能随着气候变暖向中纬度地区传播。

传染病的各个环节中，带菌媒体对气候最敏感。温度和降水的微小变化对于带菌媒体的生存时间、生命周期和地理分布都会发生明显影响。

"地球生命的保护伞"被破坏了吗

　　自古以来，由于有臭氧层的保护，人们不必顾忌紫外线的侵扰，无忧无虑地享受着阳光的温暖，沐浴在灿烂的阳光下。然而时光跨入近代，科学家们发现臭氧层中的臭氧含量减少，臭氧层在变薄，等于在屋顶上开了天窗，导致太阳对地球紫外线辐射增强。大量紫外光照射进来，严重损害动植物的基本结构，降低生物产量，使气候和生态环境发生变异，特别对人类健康造成重大损害。

　　我们知道，地球大气臭氧层厚度在一个大气压下是3毫米。科学家们把它称为300个多布森单位。但各个纬度上臭氧总量是有差异的，赤道地区相对最小，不到260个多布森单位。从赤道向高纬度，臭氧总量逐渐增加，在副极地达到相对最大值，平均约400个多布森单位。这主要是因为，高空臭氧是在低纬度上空强烈阳光下合成以后不断向高纬度输送的结果。

　　1985年，人们未曾预料到的事情发生了。这一年，英国的南极科学家约瑟·法曼等人根据英国哈利湾南极站30年臭氧观测资料，首次发现1980～1984年间，南极上空每年春季10月臭氧含量比过去有大幅度下降。这一事件引起了美国国家航空和航天管理局理查德·斯多拉斯基的兴趣，他们对卫星观测的浩繁数据进行分析，证实了这个事实，并且形象地提出了"臭氧洞"的概念。因为全球其他地区臭氧量并没有显著减少，相对来说，南极地区臭氧层就好像出现了一个"洞"。所以实际上并不是说南极春季臭氧洞中一点臭氧都没有。后来，世界气象组织为消除混乱统一了标准，建议规定大气中臭氧总量减少到200个多布森单位以下，才称为出现了臭氧空洞。

　　南极臭氧空洞的重大发现不仅震惊了科学界，也震动了全世界，人们开始忧虑紫外线的伤害了。南美洲的智利是距南极最近的国家，在它南部有一个名叫彭塔阿雷纳斯的滨海城市，这里有秀丽的自然风光，美丽的海滨浴，是旅游的好地方。南极出现臭氧洞的消息传来，这里的人们无不为之惊恐，商店里的墨镜和各种防晒霜立即被抢购一空，海滨浴场也空空荡荡，很少有人光顾了。有人甚至在晴天出门也打起了防紫外线的遮阳伞。在南半球，到处是一片"紫外线杀手降临"的惊呼声。医生也告诫人们不要多晒太阳，尤其是每天上午11时～下午3时，以免受日光伤害。

英国科学家约瑟·法曼和他领导的南极考察队观测发现，南极臭氧空洞面积当时有美国领土那样大，空洞的原因是那里臭氧的数量大大降低，有时降低了50%以上。这个空洞在每年9月上旬出现，而到11月便会消失，使臭氧层恢复常态。他们经过大量的观测研究发现，在过去的10年内，南极臭氧一直在有规律地递减，1985年春天的臭氧浓度要比1975年约降低了50%，20世纪80年代以后，南极上空9～11月臭氧量已减少到30～40%，因之形成空洞，使大量紫外线透过。他们还发现臭氧空洞不是十分固定的，而是每年都在移动，面积也在逐年扩大，洞越来越"深"。

南极臭氧空洞的发现，立即引起科学界对南极臭氧层状况的格外关注，一支由克罗夫顿·法默率领的科学队伍在南极洲设立了一个研究中心，专门研究南极臭氧层的损耗，查寻南极臭氧空洞的起因。法默在1987年的报告书中指出：氟利昂（CFC）是造成南极上空出现臭氧洞的罪魁祸首。他发现，每年空洞出现的时候正是氟氯烃化合物排放最旺盛之际。这是因为冬季时氟氯烃化合物凝在冰的结晶体上，当9月上旬时，这些化合物会被气化而散发出能分解臭氧的氯原子。法默的理论为许多科学家所接受。

1998年10月13日，我国《科技日报》报道，据美国两颗卫星探测，1998年9月19日，南极臭氧洞面积达到了创纪录的2720万平方千米，比1996年最大时又扩大了130万平方千米，已比整个北美洲面积还大。在南美洲，臭氧洞的边缘已经向北扩展到南纬40°左右。1998年9月30日，南极臭氧洞中心臭氧总量降到了90个多布森单位，只比1994年9月28日的最高纪录88个多布森单位高2个多布森单位。臭氧层耗损最大的层次一般在14～18千米，1998年9月向上延伸到了21千米。

南极出现了臭氧洞，北极怎么样呢？1989年的科学考察表明，北极地区臭氧层破坏也相当严重，一般平均减少10～25%，，但还没有达到出现臭氧洞的水平。中纬度地区一般降低8～10%。为什么北极没有出现臭氧洞？这是因为南北极的地理环境和大气环流形势都有明显不同。例如，南极是高原，气温比北极低得多；南极有强大的绕极大气环流，北极则没有。所以虽然北极臭氧层耗损还可能继续加重，但出现像南极那样的臭氧洞的可能性不大。不过，由于北极附近中高纬度地区人烟较为稠密，居住着全世界大部分白种人，而白种人皮肤最易受到紫外线的伤害。因此这里臭氧层减薄的影响，实际上比南极出现臭氧洞的影响还要大。

一、臭氧空洞的危害

臭氧层出现空洞，就会有大量紫外线长驱直入，辐射到地面，给地球上所有的生物及其生存环境带来极大的危害。

首当其害的是人类。研究表明，长期接受过量的紫外辐射，会引起细胞中脱氧核糖核酸（DNA）改变，细胞自身修复机能减弱，免疫机能减退，皮肤发生癌变。强紫外线还会诱发人体眼球晶状体混浊，产生白内障以至失明。紫外线增加可引起皮肤癌、眼底黄斑病变及呼吸道疾病等，还会影响培养细胞的新陈代谢，杀死细胞或导致其病变。科学家证实，臭氧每减少1%，则到达地面的紫外线强度将增加2%，白内障的发病率则增加0.6～0.8%，皮肤癌的发病率则增加2～4%。位于南半球的澳大利亚，因受臭氧空洞影响多年，成为世界上皮肤癌发病率最高的国家之一，近几年皮肤癌患者仍在增加，每年约增加10%。受紫外线侵害还可使人体免疫系统性能下降，诱发麻疹、水痘、结核病、淋巴癌等疾病。

陆生动物也难逃紫外线的魔掌，如过量的紫外线辐射会使许多动物产生白内障，使成群的兔子患上近视眼，成千上万只羊双目失明。在南美洲的南端已经发现许多全盲或接近全盲的动物，例如兔子、羊、牧羊犬等，在河里能捕到盲鱼，野生鸟类会自己飞到居民院内或房屋内，成为主人饭桌上的美味佳肴。澳大利亚南部的居民出门都要戴墨镜，衣服遮不着的地方要涂防晒油，否则半小时皮肤就要被晒红，人们中午前后出门大都撑阳伞。但野生动物没有自我保护能力，且又常在野外，视力易于丧失，这也就意味着丧失生存能力。

植物也逃不过这一劫难，过量的紫外线照射会使农作物和植物受到损害，会破坏植物绿叶中的叶绿素，影响植物的光合作用，阻碍农作物和树木的正常生长，使之质量降低，产量大幅度下降。以大豆为例，当臭氧厚度减少25％时，产量下降20～25％。美国马里兰大学的特伦莫拉用太阳灯对6个大豆品种进行了观察实验，发现其中3个大豆品种对紫外线辐射极为敏感，具体表现为大豆叶片光合作用下降，造成大量减产。特伦莫拉还用4年时间对紫外线辐射给树木生长造成的影响进行了观察，结果表明，木材积累量明显下降，其根部生长也受到阻碍。另外，紫外线的辐射还会使农作物更易受杂草和病虫害的损害。有人认为，由于臭氧层被破坏，过量的紫外线辐射可以使地球上2/3的农作物减产，从而可导致粮食危机。

水生植物，尤其是海藻类，大多贴近水面生长，因此易受臭氧层损耗的影响。过量的紫外线辐射会干扰其光合作用，对其生长繁殖造成破坏。由于它们处于水生生物食物链的最底部，这就破坏了水生生物的食物链，危及水生生物的生存。紫外线辐射能穿透10～20米深的水体，对鱼类、虾、贝类、蟹等可产生直接危害，甚至导致它们大量死亡和一些种类的灭绝，从而严重破坏水域生态平衡，最终可以引起海洋生物生态系统发生破坏，更大量的海洋生物死亡，进而影响全球生态平衡。

另外，紫外线辐射的增强还可对全球气候产生不良的扰乱作用，导致全球气候变暖、酸雨泛滥、光化学烟雾频繁出现等，给地球造成意想不到的灾难。

二、破坏臭氧层的"杀手"

自大气臭氧层被发现以来，就得到不同寻常的关注。在南极臭氧洞发现之前，人们就已发现臭氧层耗损。科学家们经过长期的观测、研究，已经基本查清臭氧层耗损乃至出现臭氧空洞的原因，并找出了那些破坏臭氧层的"杀手"。

什么原因使得臭氧层遭受严重破坏以致形成巨大的空洞？这是科学家们多年来研究的主要课题。许多科学家提出了自己的看法，他们曾经争论了很久，最后趋于一致的看法是人类滥用氟利昂所致，氟利昂是破坏臭氧层的头号"杀手"。

氟利昂（CFC）又称为氟氯烃化合物，是美国1928年首先开发使用的一种化合物，广泛应用于制冷系统。它具有优良的化学性能，如对化学试剂具有稳定性，无腐蚀性，不燃，不爆炸，低导热性，良好的吸热、放热性和低毒性等，因而还广泛用于制洗净剂、杀虫剂、除臭剂、发泡剂等。因其用途广，用量也很大，世界年产量由20世纪30年代初的3000吨迅速上升到1989年的160万吨。氟利昂使用后并不分解，随着废气排出，进入大气层，它的气体状态在大气中可以存在100年，甚至更长。

1974年美国学者首先提出，人类广泛使用的氟利昂进入大气后，在对流层未分解就进入同温层，分解后会使臭氧层遭到破坏，这一理论被后来的研究和事实所证明。排放到大气中的大量氟利昂气体是名副其实的臭氧杀手，将对臭氧层造成巨大的破坏。

早在1974年科学家就曾预言，如果氟氯烃生产仍以每年22％的速度增加，并最终完全释放到大气中，那么到1995年全球臭氧总量将下降5％，后来的卫星和地面观测资料都证实了这个预言。为了研究臭氧洞的成因，国际上在1987年（因为这年的臭氧洞比前些年都大）组织了一个大规模的研究计划——南极臭氧空中实验。飞机曾多次进入臭氧洞内，发现臭氧洞内氯的含量比预期数量还要高出20～50倍之多。这个事实为氟氯烃破坏臭氧层的理论提供了直接依据。

另一个破坏臭氧层的杀手是哈龙灭火剂（溴代物），它所占的比例很小，但它对臭氧层的破坏也是连锁式的，并且它可以在大气中存在达百年以上，其破坏作用也不可忽视。

在对流层顶部飞行的飞机排出的氧化氮等气体也破坏臭氧层，这些气体可充当破坏臭氧层的催化剂。有人计算，只要有500架大型超音速飞机每天定期飞越美国上空，那么只需一年时间，大气臭氧的含量就会减少50％。另外，农业上无控制地使用化肥所产生大量的氧化氮及各种燃烧所产生的氧化氮进入大气后都可破坏臭氧层。

三、当代女娲补苍天

1985年，英国科学家首次在南极发现臭氧空洞以来，臭氧层问题便成为全球最为关注的环境问题之一。后来的观测表明，南极的臭氧洞在不断扩大，甚至增大到原来的2倍多。1998年12月4日，世界气象组织在日内瓦发布消息，南极臭氧洞面积在当年9月底的几天里已超过了2100万平方千米，据美国宇航局1998年12月公布的1份报告，南极臭氧洞的面积已达2720万平方千米。不仅如此，更为令人不安的是世界其他的地方也出现了臭氧的减少。因此，拯救修补臭氧层已是当务之急。在中国古代神话中，有女娲炼五色石补天的故事，现在，臭氧层真的出现空洞的时候，谁来修补呢？谁又是当代的女娲呢？

人类已经达成共识，保护臭氧层就是保护蓝天，保护地球生命。为了防止臭氧层继续遭到严重破坏，全人类在补天的旗帜下一致行动起来。臭氧层破坏的主要原因业已查明，行之有效的"补天术"就是减少和停止使用氟利昂产品。为此，联合国环境规划署自20世纪80年代中期以来陆续召开各种国际会议，通过了一系列保护臭氧层的决议，在全球范围内限制并逐步淘汰消耗臭氧层的化学物质。

1985年8月，美国、日本、加拿大等二十多个国家签署了关于臭氧层保护的《维也纳公约》，这是原则上限制使用含氟氯烃化合物的初步协议。

1987年9月，24个国家共同签署了《关于消耗臭氧层物质的蒙特利尔议定书》，该议定书规定签字国在2000年把"臭氧杀手"氟利昂的产量削减一半，并要求他们依照削减时间表来减少5种氟利昂、3种溴代物的生产和消耗。

1989年3月，在英国伦敦召开了挽救臭氧层国际会议，有128个国家的代表出席，会议目的在于加深认识氟利昂对臭氧层的破坏作用，交流防治臭氧层破坏的办法，促使更多的国家承担责任，尤其是作为氟利昂的主要生产、排放者的发达国家，应当首先负起挽救臭氧层的责任。

1990年，大约60个国家在英国伦敦签署了蒙特利尔议定书补充协议，对议定书作了修改。1992年，在哥本哈根对议定书再次进行修订，缔约国发展到162个，受控制物质种类增加到6类94种。中国政府已加入1985年签署的《保护臭氧层维也纳公约》和1987年签署的《关于消耗臭氧层物质的蒙特利尔议定书》，并积极参与保护臭氧层国际合作，组建了国家保护臭氧层领导小组，制定了一系列政策法规以限制臭氧破坏物（ODS）的生产和消费。1991年6月加入1990年修订后的《蒙特利尔议定书》，1997年年底，中国政府决定除医药品外，全面禁用气雾制品中的氟利昂物质，比议定书规定的时间提前了13年。

1995年1月23日，联合国大会决定，每年的9月16日为国际保护臭氧层日，要求所有缔约国按照《关于消耗臭氧层物质的蒙特利尔议定书》及其修正案的目标，采取具体行动纪念这个日子。

另外，为逐步淘汰消耗臭氧层物质，研究和开发新的替代产品以取代氟利昂也是十分重要的。许多国家采取了一系列政策措施。一是采取传统的环境管制措施，如禁用、限制、配额和技术标准，并对违反规定实施严厉处罚，欧盟国家和一些经济转轨国家广泛采用了这类措施。其次是使用经济手段，如征收税费、资助替代物质和技术开发等。美国对生产和使用消耗臭氧层物质实行了征税和可交易许可证等措施。另外，许多国家的政府、企业和民间团体还发起了自愿行动，采用各种环境标志，鼓励生产者、消费者生产和使用不带有消耗臭氧层物质的材料和产品，其中绿色冰箱标志得到了非常广泛的应用。这方面的工作已取得一定的进展，如无氟冰箱的研制，用不影响臭氧层的氢氟烃代替氟利昂，日本公害资源研究所研制出能分解氟利昂的催化剂等技术成果，将在保护臭氧层的工作中发挥作用。

随着向大气层排放的消耗臭氧层物质逐年减少，从1994年起，对流层中消耗臭氧层物质的浓度开始下降。据2005年报道，人类限制温室气体排放的努力显然开始奏效，地球臭氧层已停止变薄，但要在几十年之后才能开始恢复。在南极洲的洛克鲁瓦港，气象学家桑希尔利用氦气球，对25千米的高空研究天气和臭氧层的变化。他发现臭气层破洞的面积与过去10年的平均值相比已经缩小了，但面积仍然差不多是澳大利亚的3倍。

"文明病"与"隐形杀手电子雾"

现在，工作、生活条件现代化都离不开各式各样的电器设备。电梯、空调、电脑、电话、电传、电视，以至电子游戏机、电子玩具等。它们给人类社会生活带来了太多的便利，大大缩短了人们的空间距离，使很多复杂的事物变得简便……但是，它和任何事务一样都有两面性，电器设备造福人类令人欣喜的同时，也成了一种新的、隐形的污染源，让人感到忧虑。

据科学家们分析，各种电子设备和产品在使用过程中，都会不同程度地释放出波长不一、频率各异的电磁波，这些电磁波纵横交织，相互辐射，彼此干扰，形成杂乱无序的电子波，这些电子杂波在建筑物有限的空间内充斥、散射着，构成了人们看不见、摸不着，但具有伤害力的"电子雾"，人们也称它为现代隐形杀手。

人如果长时间处于电子雾污染的环境中，会干扰人的神经系统，引起人体生物钟紊乱，并且能严重破坏人类长期自然形成的生理规律，导致人体免疫功能受损，抵抗力下降，从而诱发头昏、无力、缺乏食欲、失眠或嗜睡。美国医生经临床X光测研究认为，长期强电磁波辐射，还可以导致儿童白血病。国外还报道过这样的事实：一个与电视发射塔紧邻的村庄，居民中得癌症的比率远远高于其他地方，在其他生活、工作环境相近的条件下，唯一不同的是这个村庄的人受到了太多的电子雾辐射。另外，像微波炉使用的超高频电磁波，使用不当微波泄漏会灼伤眼睛，日久容易导致白内障。还会对胎儿产生不好的影响。这些人们常统称为"现代病"、"文明病"、"电脑病"等。人们在使用电器中，除电子雾污染外，还有一些损害人体健康的污染因素不可忽视。如，有人测定一台电视机使用3天后产生的某些有害气体量，竟相当于在繁华街头的十字路口测到的量。电视高频头附近产生的超过人身安全量的臭氧，电脑与电视、电子游戏机的荧光屏产生的一种叫臭化三

△ 现代人们身边越来越多的电子产品

苯并呋喃的有毒气体，对人的眼睛、呼吸系统都有直接的伤害，还有组合音响的高声造成的噪音等，青少年是首当其冲的受害者，这是由于年轻人更容易接受新事物，更容易被层出不穷的电子新产品所吸引的缘故。

所以，当你沉湎于新电器高效功能时，切记使用时间不要过长，要尽力保持室内空气清新；避免多种电子设备同时开启，使用后或不用时一定关闭电源，拔掉电源插头；如空间距离允许，尽可能人与电器间保持一定的距离和增加些户外休息时间，这些虽然不是根治现代污染源的办法，但总不失是一些防御污染源污染的措施。

生物圈包括什么内容

地球表面是由大气圈、水圈和土壤岩石圈所构成，三圈中适合生物生存的范围称为生物圈。

一、大气圈

从地球表面到几十千米以至近一千千米的高空，覆盖着由多种气体成分组成的大气层，它的厚度在地球表面的不同地带是不一样的，这就是大气圈。大气圈不但供给生物活动所必需的碳、氢、氧、氮等元素，而且其间的臭氧层可以保护地面生物免受外界空间各种宇宙射线的危害，防止地表温度的激烈变化和水分过量散失。

二、水圈

地球表面的各种水体，包括海洋、湖泊、江河及地下水构成水圈。海洋占地球总水量的97%，覆盖面积超过地球面积的70%以上。海洋是生命的起源地，也是多种物质的储存库。它不断向人类提供丰富的矿产资源，而且还是人类食物的重要来源之一。陆地上的淡水不足地球总水量的1%，主要分布在各大河流和湖泊之中。另有约2%的水是以冰的形式存在于地球南北两极。

三、土壤岩石圈

地球表面的岩石经过长年的风化侵蚀和生物的作用，逐渐形成不同类型的土壤，因而组成土壤岩石圈。土壤是陆生植物生长的基地，它供给植物养分和水分，在光能作用下各种植物通过光合作用将光能转化为化学能，使植物生长、发育、繁衍，构成森林、草原，并促进农作物生长发育，为人类和其他动物提供食物和必要的生活环境。

四、生物圈

生物圈是指地球表面生命所进行活动的、连续的有机圈层，它由大气圈下层、水圈、土壤岩石圈及活动于三圈中的生物组成。根据生物分布幅度，

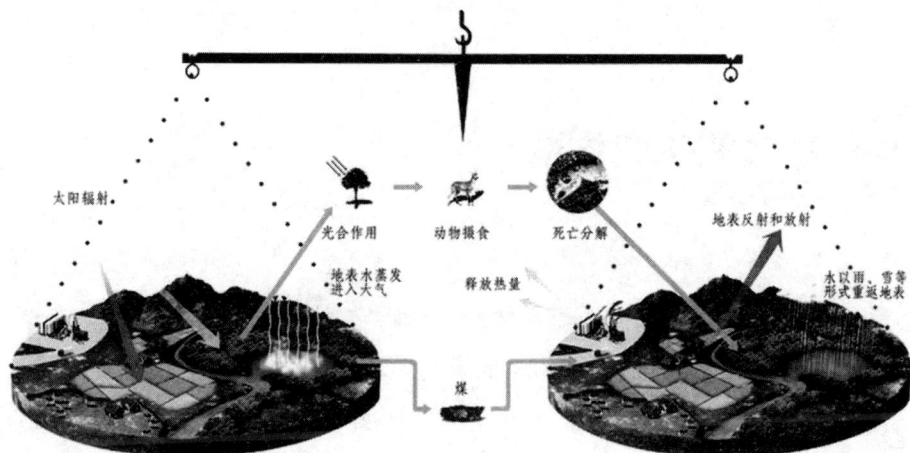

△ 生物圈的构成

生物圈上限可达海平面以上10千米的高度，下限可达海平面以下12千米深。但是，绝大多数生物都集中生活在地表以上100米至水面以下100米的范围内。在这一空间，阳光比较集中，绿色植物能够生长，直接或间接依靠植物生活的动物和微生物群聚度高，活动能力强，是地球表面生命活动最旺盛的区域，因此，常把该区域称为活跃生物圈。生物圈内已知的生物约200万种，其中植物约50万种，动物约150万种，微生物约3.7万种。这些生物类群通过食物链紧密联系并与其相适应的环境组成多种多样的生态系统。

生物圈是人类赖以生存的空间，它提供人类生活所必需的自然条件和经济建设的自然资源。但是，人口和工农业的增长、超负荷的生产导致资源衰竭，破坏了生物圈的生产力；工业"三废"的排放造成严重污染和不可更新资源的大量消耗，导致灾害频繁发生。温室效应、能源匮乏、粮食短缺正极大地威胁着人类的生存。一些专家学者和政府首脑已意识到破坏生物圈内的生态平衡给人类造成的恶果和保护生物圈的意义。1971年，联合国教科文组织颁布实施了一项"人与生物圈"（MAB）计划，以便对生物圈进行管理，合理利用和保护生物圈资源，改善人与环境的全球关系。我国政府和有关科学家也参与了这一计划的实施。中国的长白山、卧龙山和鼎湖山属于该计划中的3个生物圈保护区。

什么叫生物群落

生物群落是多个种群的集合体。一个特定的自然群落就是生活在一定地理区域内，以及同一自然环境下的所有动物、植物和各种微生物种群的集合体，也可以是某些特定种群的集合。这些种群聚集在一起，彼此间相互作用，构成了一个具有独特成分、结构和功能的生物集合体。

生物群落中各类生物的个体，并非偶然地组成的，而是在一定的生态因素综合作用下多个种群的集结。在不同的群落环境中，生存着不同类型的生物群落，如森林生物群落、草原生物群落、近海滩涂生物群落、农田生物群落等类型。

自然界生物群落的特征，有些是很明显的，如湖滩、低洼地、耕种地等各具有可辨别的特殊动物、植物和微生物的集合，但在多数情况下，由于一个群落内成员的活动可能经常与另一个群落相互重叠，或群落内某些成员的活动是具有季节性的，因此，生物群落通常是一种结构松散、缺乏明显界限的种群集合，是在空间和时间上连续的一个系列。

一、生物群落的基本特征

1.生物组成的多样性

一个群落总是包含着很多种生物，其中有植物、动物和微生物。我们在研究群落的时候，首先应识别组成群落的各种生物并列出它们的名录，这是测定一个群落中物种多样性的最简单方法。

2.植物生长型和群落层次性

组成群落的各种植物常常具有极不相同的外貌，根据植物的外貌可以把它们分成不同的生长型（如乔木、灌木、草本、苔藓等），这些不同的生长型将决定群落的层次性。

3.优势现象

在组成群落的为数众多的物种中，可能只有少数物种能够凭借自己的大小、数量和活力对群落产生重大影响，这些种类就称为群落中的优势种。优势种具有高度的生态适应性，它的存在常常影响着其他生物的存活和生长。

4.相对数量

群落中各种生物的数量是不一样的，测定物种间的相对数量可以采用物种的多度（分成极多、很多、多、尚多、少、稀少和偶见7个等级）、密度、盖度（指枝叶垂直投影所覆盖土地面积的百分数）、频度（指含有某种生物的样方占总样方的百分数）、体积、重量等指标。

5.营养结构

这是指群落中各种生物之间的取食关系和各自所处的位置，这种取食关系决定着物质和能量的流动方向（植物→植食动物→肉食动物→顶位肉食动物）。

二、生物群落的结构

生物群落的垂直结构即生物群落的层次性，主要是由植物的生长型决定的。苔藓、草本植物、灌木和乔木自下而上分别配置在群落的不同高度上，形成群落的垂直结构。植物的垂直结构又为不同种类的动物创造栖息环境，在每一个层次上都有一些动物特别适合于在那里生活。在一个发育良好的森林中，从上到下可以看到有林冠层、下木层、灌木层、草本层和地表层。

其他群落也和森林一样具有垂直结构，只是没有森林那么高大，层次也较少。草原群落可分为草本层、地表层和根系层。水生群落的层次性主要是由光的穿透性、温度和氧气的垂直分布决定的。夏天，一个层次性较好的湖泊自上而下可以分为表水层（水的循环性比较强）、斜温层（湖水温度变化比较大）、静水层（水的密度最大，水温大约4℃）和底泥层，共4层。

在群落垂直结构的每一个层次上都有各自所特有的生物栖息，大多数动物都只限于在1～2个层次上活动。在每个层次上活动的动物种类，在一天之内或一个季节之内是有变化的，这些变化是对各层次上生态条件变化的反映，也可能是各种生物出于对竞争的需要。一般说来，群落的层次性越明显，分层越多，群落中的动物种类也越多。因此，草原的层次比较少，动物的种类也比较少；森林的层次比较多，动物的种类也比较多。在水生群落中，生物的分布和活动性在很大程度上是由光、温度和含氧量的垂直分布所决定的，这些生态因子在垂直分布上显现的层次越多，水生群落所包含的生物种类也就越多。

三、生物群落的演替

演替是指群落随时间和空间而发生的变化。每一个群落在发生发展的过程中，不断改变自身的生态环境，新的生态环境逐渐不适于原有群落物种的生存，却为其他物种的侵入和定居创造了条件。于是，各种群落的更替相继发生，并形成演替系列，最后进入与环境相适应的、相对稳定的顶极群落。以植物为食物的动物群落，也相继发生更替。

常见演替系列有水生演替系列和旱生演替系列两类。现以水生演替系列为例进行说明。当一个水池形成之后，逐渐有水生植物和动物定居，微生物则分布在开阔的水体中。在水较浅的部分，光线可以透到底部，着根的沉水植物侵入进来。在更浅的水中，可能生长具有漂浮叶片的着根水生植物。近岸边则出现挺水植物，在岸边则能忍受土壤水分饱和的湿生植物占优势。这些植物类型分别形成一个群落，并有若干种动物与其相联系。由于有机质和泥沙经常地积累，使水池逐渐变浅。随着环境改变的加剧，所有群落都向水池中心方向前进。池水的淤积使沉水植物被浮叶根生植物所代替，后者又被挺水植物所取代，继之挺水植物被湿生植物所取代，然后又依次被陆生植物所代替。于是水生植物群落演替为陆生植物群落。

群落的空间分布受环境梯度的制约，表现出明显的经度地带性、纬度地带性和垂直地带性。在自然界，群落类型的转变，可能是逐渐过渡的，也可能是急速改变的，两个或多个群落相连接的地带，称为群落交错区，群落交错区内的物种数目和种群密度要比毗邻群落大，这种现象称为边缘效应。

四、生物群落的类型和分布

1.热带雨林

此区域雨量充沛，且在一年中分布均匀。林木通常高大，植物种类繁多，无脊椎动物十分丰富，脊椎动物也很繁多，有很大比例的哺乳动物栖息在树上，如南美洲亚马孙河流域，亚洲的马来西亚、印度尼西亚等地。

2.亚热带常绿阔叶林（又称照叶林）

此区域由温暖湿润地区的常绿阔叶树构成，组成树种有木兰科、樟科、山茶科等植物。林中两栖类丰富，我国长江流域以南地区即为此种区域。

3.温带落叶阔叶林（又称夏绿林）

此区域落叶树种非常丰富，常见有壳斗科栎属落叶树种，以及栽植的槐、杨、柳等植物。动物有较强的季节性活动，如鹿。我国的黄河流域以及辽东半岛属于此种区域。此种区域开发历史悠久，原始植被荡然无存，为主要农业区。

4.针叶林

此区域主要由松杉类植物构成，其外貌往往是单一树种构成的纯林，群落成层，结构较简单，动物种类相对贫乏。我国东北兴安岭、俄罗斯西伯利亚地区、加拿大等地属于此种区域，为世界主要产林区。

5.温带草原

此区域也称夏绿干燥草本群落类型，以丛生多年生禾本科植物为主，主要是针茅属植物。位于此种区域的内蒙古高原、黄土高原以及新疆的阿尔泰山区等，为我国重要的畜牧业基地。狼和鼠类为常见动物。

6.荒漠

此区域降雨量极少，且不稳定，土质极贫瘠。植物稀少，代表性植物是仙人掌。动物多夜间活动，主要有袋鼠、鸵鸟等。我国新疆准噶尔盆地、塔里木盆地和青海柴达木盆地属于这种区域，澳大利亚和非洲也有很大部分属于此种区域。

7.水生群落

这是由水生植物、水生动物构成的群落。它的分布没有严格的地域性，有一定量水的地方即可形成水生群落。

生态系统包括哪些方面的内容

生态系统是由英国植物生态学家塔力斯于1935年首先提出来的，是指生物群落与其环境之间由于不断地进行物质循环、能量流动和信息传递而形成的统一整体。生态系统是一个广泛的概念。任何一个生物群落与其周围环境的组合都可称为生态系统。例如一个池塘、一片森林、一座城市、一块农田等都可看成是一个生态系统。生物圈是最大的生态系统，它包括陆地、海洋和淡水三大生态系统。

生态系统的组成非常复杂，主要包括生物和非生物两大部分，其中生物部分包括生产者、消费者和分解者三大功能类群。

一、生产者。这是指绿色植物和某些能进行光合作用和化能合成作用的细菌，即自养生物，它们能利用太阳能进行光合作用，把从周围环境中摄取的无机物合成有机化合物，并把能量储存起来，以供本身需要或作为其他生物的营养。

二、消费者。其指直接或间接以生产者为食的各种动物。它包括植食性动物和肉食性动物，前者为初级消费者，后者为次级消费者或更高级的消费者。

三、分解者。其主要指细菌、真菌、某些原生动物及食腐性动物（如蚯蚓、白蚁等），它们靠分解有机化合物为生（腐生），从生态系统中的废物产品和死亡的有机体中取得能量，把动植物复杂的有机残体分解为较简单的化合物和单质，释放归还到环境中去，供植物再利用，故又称为还原者。

四、非生物成分。其包括光能、热量、水、二氧化碳、氧气、氮气、矿物盐类、酸、碱以及其他单质或化合物，它们既是构成物质代谢的材料，同时也构成生物的无机环境。

在通常情况下，起主导作用的是生产者，靠它把太阳能转变为化学能，并引入到生态系统中，然后使其他各个组成部分行使各自机能，彼此一环紧扣一环，形成一个统一的、不可分割的生态系统整体。

生态系统的基本特征主要有：1. 生态系统内部在一定范围和限度下具有自我调节能力，这种自我调节能力与生物多样性成正相关；

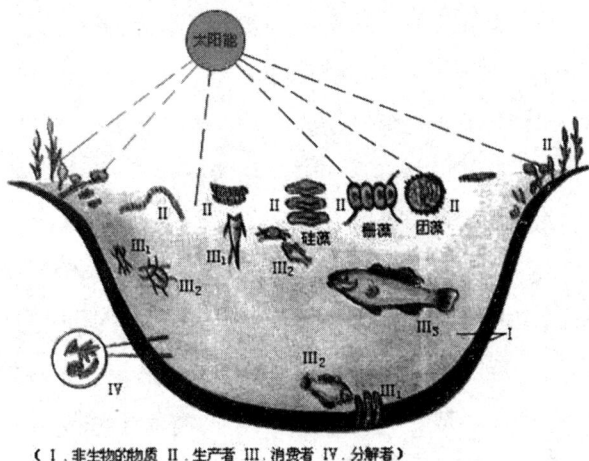

（Ⅰ.非生物的物质 Ⅱ.生产者 Ⅲ.消费者 Ⅳ.分解者）

△ 生态系统组成示意图

2. 生态系统中的能量流动、物质循环和信息传递体现了生态系统的动力学特征，生态系统内部始终处于运动之中，能量的流动是单向的，物质流动是循环的；3. 生态系统吸收的太阳能量一般都通过4～5个不同营养等级的生物进行传递；4. 从地球上生物起源到现在，生态系统经历了从简单到复杂的发育阶段。

地球上的生态系统类型，可以根据环境中水分的状况分为水生生态系统和陆地生态系统两大类群。水面占地球表面的2/3，包括海洋和陆地上的江、河、湖、沼等咸水和淡水水域，因此又可划分为陆地、海洋和淡水三大生态系统类群。

在两个生态系统之间还有过渡类型，例如淡水与咸水之间、沼泽与水生之间、水生与陆生之间有许多过渡带，其他如港口、河流出口处等都难于归并。所以上述类型的划分，并不是全面的。事实上，往往根据研究的目的划分生态系统，大到整个生物圈，小至一片草地、一个池塘、一座温室、一个工业生产中的发酵罐都可看成是一个生态系统。

生态系统的营养结构包括：

一、食物链和食物网

生态系统中通过处于不同营养水平的生物之间的食物传递形成了一环套

一环的链条式关系结构称为食物链。陆地生态系统和海洋生态系统都形成各自的食物链。在食物链基部的一些光合自养生物是生态系统的生产者，它们利用太阳能合成有机物质作为营养来源。在陆地生态系统中，植物是主要生产者；在水域生态系统中，浮游植物（如藻类、光合细菌）和一些高等水生植物是主要生产者。

所有位于生产者营养水平之上的异养生物都是消费者，它们直接或间接以生产者制造的有机物为食物。那些直接以植物、藻类或光合细菌为食物的食草动物为生态系统的初级消费者。许多昆虫、一些爬行动物、部分脊椎动物、草食性哺乳动物和鸟类属于陆地生态系统中的初级消费者；各种各样以浮游植物为食的浮游动物和一些草食性鱼类则是水域生态系统的初级消费者。

所有位于初级消费者营养水平之上的生物是肉食性动物，它们以其营养水平之下的动物为食。在陆地上的二级消费者包括一些小的哺乳动物、啮齿类动物，以及多种多样的鸟类、两栖类和大型食肉动物。在水生生态系统中的二级消费者则包括一些较小的鱼类，这些小鱼专吃浮游动物和底栖无脊椎动物。更高营养水平的生物称为三级消费者，例如专吃鼠类和其他二级消费者的蛇就属于三级消费者。另外，食蛇的鹰类和海洋中的某些鲸类又属于四级消费者。

在生态系统中，一种生物往往并不只固定在一条食物链上，它们可以同时加入几条食物链。例如一些杂食动物（包括人类），既可以以动物为食，又可以以植物为食。草食性动物既可以被狮子等二级消费者捕食，又可以直接被三级或四级消费者所捕食。因此，生态系统中的营养关系实际上是一种网状结构。因此称为食物网。通常情况下，食物网越复杂，生态系统越稳定；食物网越简单，生态系统就越容易发生波动或遭受毁灭。生态系统中各种生物成分正是通过食物网发生直接和间接的联系，维持着生态系统的功能和稳定。

二、营养级和生态金字塔

营养级的概念是在食物链和食物网的基础上提出来的，旨在使生物之间复杂的营养关系变得更加简明和便于定量地对能量流动和物质循环进行分析。一个营养级是指处于食物链某一环节上的全部生物种的总和。因此，营养级之间的关系是指一类生物和处于不同营养层次上另一类生物之间的关系。例如，所有绿色植物都位于食物链的起点，它们构成了第一个营养级；所有以植物为食的动物都归属第二个营养级；第三个营养级则包括全部以植食性动物为食的肉食动物。以此类推，还可以有第四个和第五个营养级等。由于食物链的环节数目是有限的，所以营养级的数目也不可能很多，一般是限于3～5个。一般说来，营养级的位置越高，归属于这个营养级的生物种类和数量就越少，当少到一定程度的时候，就不可能再维持另一个营养级中生物的生存了。生态金字塔是指各个营养级之间的某种数量关系，这种数量关系可采用生物量单位、能量单位或个体数量单位，采用这些单位所构成的生态金字塔就分别称为生物量金字塔、能量金字塔和数量金字塔。一般说来植物的生物量要大于植食性动物的生物量，而植食性动物的生物量又会大于肉食性动物的生物量，因此，生态金字塔通常是上窄下宽的锥体形。但是在大湖和海洋生态系统中，常常表现为一个倒锥形生物量金字塔，如英吉利海峡的生物量金字塔。

数字金字塔通常是在食物链的始端生物个体数量最多，在沿着食物链往后的各个环节上生物个体数量逐渐减少，到了顶位肉食性动物数量就会变得极少，因此，数量金字塔通常也是上窄下宽的正锥体。但在有些情况下也可以表现为倒锥体，例如在温带森林中，树木的个体数量就比植食性动物的数量少得多，前者平均0.1hm2中有200株，而后者（主要是昆虫）却有150000个之多。

能量金字塔是利用各营养级所固定的总能量值的多少来构成的生态金字塔。能量金字塔总是呈正锥体图形，而绝不会出现倒锥体图形，因为绿色植物所固定的能量绝不会少于靠吃它们为生的植食性动物所生产的能量，肉食性动物所生产的能量是靠吃植食性动物获得的，因此，它们的能量也绝不会多于植食性动物。总之，能量从一个营养级流向另一个营养级总是逐渐减少，这一点在任何生态系统中都是一样。

生态系统的能量流动是指能量在生态系统中不断传递、转换的过程。能量在生态系统中的流动具有以下特点。

一、能量流动具有单方向、不可逆性

能量以光能的形式进入生态系统后，就不再以光的形式存在，而是以热的形式不断散失到环境中。主要表现在以下三个方面：1. 太阳的辐射能以光能的形式输入生态系统后，通过植物固定为化学能，此后，不再以光能的形式返回；2. 自养生物被异养生物摄食后，能量由自养生物流到异养生物体内，不能再返回给自养生物；3. 从总的能流途径来看，能量只能一次性经过生态系统，不能循环，因此是不可逆的。

二、能量流动具有逐级递减性

太阳的辐射能被生产者固定，经草食性动物到肉食性动物，再到顶级肉食性动物，能量逐级递减。因为：1. 各营养级不可能百分之百地利用前一营养级的生物量；2. 各营养级的同化作用也不是百分之百，总有一部分不被同化；3. 生物的新陈代谢过程总要消耗一部分能量。

在生态系统中，物质流动是循环的，各种有机物质最终经过还原者分解成可被生产者吸收的形式，重返环境中进行再循环。物质循环的类型有多种，下面主要就水循环、碳循环和氮循环进行介绍。

一、水循环

水是生物圈中最丰富的物质，又是生命过程中氢的来源，它覆盖地球表面总面积的大约70%。地球上海洋、河流、湖泊等一切水面的水不断蒸发，变成水蒸气，进入大气层，它遇冷凝结成雨、雪、雹等降落在地面与水上。地面降水的一部分聚到河、湖，重新注入海洋，另一部分渗入土壤或松散岩层，其中有些成为地下水，有些被植物吸收。被植物吸收的部分除少量结合在植物体内外，大多通过植物叶面蒸腾作用返回大气。

二、碳循环

碳循环从光合作用固定大气中的二氧化碳开始。在这一过程中，二氧化碳和水反应，生成碳水化合物，同时释放出氧气，进入大气中，一部分碳水化合物直接作为生产者的能量而被消耗。生产者固定的一部分也被消费者消耗，并进行呼吸而放出二氧化碳。生物死亡后，最终被分解者微生物分解，生物组织内碳被氧化成二氧化碳，又回到大气中。

三、氮循环

进入生态系统中的氮被固定成氨或铵盐，经过硝化为硝酸盐或亚硝酸盐，被植物吸收合成蛋白质，然后经食物链合成动物蛋白质。在动物的生活中：一部分蛋白质分解为尿素、尿酸排出体外；另一部分经细菌分解成为氨基酸，氨基酸再进一步分解成为氨，氨排到土壤中再次被细菌、植物、动物循环利用，但其中有部分硝酸盐经反硝化作用生成游离的氮，返回大气中。另外，硝酸盐还可能储存在腐殖质中并被淋浴，然后经过河流、湖泊，最后到达海洋，为水域生态系统所利用。

在生态系统中，除了物质循环和能量流动外，还有有机体之间的信息传递，这些信息流把系统中各个组成部分连成一个整体。从生态系统中信息传递的角度来说，可分为以下四种类型。

一、营养信息

通过营养交换的形式，把信息从一个个体或种群传递给另一个个体或种群，称为营养信息。生态系统中的食物链就是一个典型的营养信息。

二、物理信息

以物理过程为传递形式的信息，称为物理信息。在生态系统中，能够为生物所接受，并引起行为反应的效用信息，绝大部分是物理信息，它在信息传递中起到最重要的作用。如光信息、声信息、热信息等都是物理信息。

三、化学信息

生物在某些特定条件下，或处于某个生长发育阶段，分泌出某些特殊的化学物质，如酶、维生素、抗菌素、性诱激素等，这些化学物质对生物不是提供营养，而是在生物的个体或种群之间起着某种信息的传递作用，如报警、集合、有无食物等，即构成了化学信息。

四、行为信息

有些动物可以通过各自的行为方式向同种个体发出识别、威吓、求偶、挑战等信息，称为行为信息。如丹顶鹤在求偶时，雌雄双双起舞。

自然环境对人类的影响

一、人类是自然环境的产物

第三纪晚期是古猿的繁盛时期，因草原植物向森林进逼，森林古猿中衍生出一支草原古猿。草原环境的生活促使它们直立行走和利用前肢抓取物体，并不得不以植物和草原动物为食物，引起了身体器官功能的改变，尤其是脑的发达。当学会使用工具和制造工具时，人类就诞生了。原始的人类一方面改变着自己的形体和大脑，以适应变化的环境；另一方面又扩展到世界各地，以寻求各种适于生存的环境。自然因素加上社会因素的共同作用，人类便产生了体质特征不同的各种人种类型以及不同的地理分布特点。

二、自然环境对人种形成的影响

人类的起源是统一的，在生物学上同属一个物种，有着共同的祖先。然而，由于人类的各个群体在相当长一段时间内彼此隔离，各自生活在不同的自然地理区域中，人的身上便留下了各地居住环境的烙印。亚洲、欧洲及非洲在不同自然环境的自然选择作用下，人类不断地演变，从而形成了人类的3个基本种族——尼格罗人种、欧罗巴人种和蒙古人种。

自然环境在人种分化的早期阶段起着某种选择作用。但人类与动物有着本质的不同，人类有生产劳动和创造文化的能力。人类通过生产劳动改变着自身的生存条件，使环境适合自己的需要。因而，自然环境对人种形成的作用随着社会生产力的发展而减弱。在人类发展史上，各人种都走着大体相同的发展道路，无论从生理的还是从社会的特点来看，各种族之间的共同点都是本质的和大量的，而差异则是次要的和少量的。因此，种族没有优劣之分。种族的进步程度仅仅决定于其社会的发展阶段。

三、自然环境对人口分布的影响

全球人口的1/3集中在1/7的土地上，而全球陆地面积尚有35～40％基本

△ 良好的生态环境对人类至观重要

无人居住。其中以亚洲、非洲人口最多，占世界总人口的3/4以上，人口密度也最高。

在古代社会，由于生产力水平低下，人类的生活和人口的分布受着自然环境的极大制约。凡气候适宜、水源丰富、土地肥沃的地方，人口就易于繁盛，因此，温带地区人口就十分稠密。在自然条件较差的地区，人口是难以增殖的。

但是，自然环境对人口分布的影响毕竟只是一个方面的，随着社会的发展，人口的空间分布还受到社会经济因素的影响。因此，除环境因素外，在现代社会，人们的物质生产方式（具体说主要指工农业和交通运输业）的发展水平及其生产布局特点，才是影响人口分布的决定因素。

四、自然环境对人类健康的影响

人类与自然环境之间息息相关，这种关联是通过物质循环而实现的。人类与自然环境在物质构成上有着密切的相关性。因此，环境中某些化学元素的含量必然会影响人体的生理功能，甚至可能造成对人体健康的影响而形成疾病。我们知道，地球表面各种化学元素的分布并不均一。在一定区域内，某些化学元素富集或贫乏，会导致当地居民身体内相应元素含量的过多或过少，当其超过了人体生理功能调节范围时，就可能使机体的健康受到损害，甚至形成某些地方病和流行病。例如，环境中缺碘，就可导致地方性甲状腺肿的发生和流行；环境中含氟量过多，可引起氟骨症。大量事实表明，人类健康在一定程度上受到自然环境的影响。

五、自然环境对人类社会发展的影响

自然环境千差万别，自然资源分布不平衡，造成了各地生产条件的差异，从而对人类社会发展产生了某种程度的影响。一般说来，优越的自然环境有助于加快社会发展的进程，恶劣的自然环境则阻碍着社会的发展。这种作用，在社会发展早期尤为深刻。例如，一些大河流域，气候温和，土地肥沃，水源充足，有利于人类定居和耕作。历史上这些大河流域往往形成古代文明的中心：如尼罗河流域的埃及、恒河流域的印度、黄河流域的中国。世界发展到今天，社会已高度文明，但在南美的亚马孙雨林中、非洲的丛林里、太平洋的岛屿上，由于高山、密林、海洋等自然屏障限制了当地居民与外部社会的沟通，延缓了社会的发展，至今还居住着处于石器时代的人类。

自然环境对人类社会发展的影响，还因生产力发展的不同阶段而有所不同。大河、大海、大洋在社会发展的早期阶段是障碍因素，而随着人类科学技术的进步，却渐渐转变为促进社会发展的积极因素。例如，因为造船和航海技术的发展，使海洋成为沟通世界各地经济联系的通道。因此，许多沿海国家和地区的社会经济往往比内陆国家和地区要发达得多。

总之，自然环境对社会起着促进或阻碍作用。这种作用，在社会发展早期尤为深刻，随着生产力不断提高和自然资源的不断开发，社会与自然界的联系日益加强，而同时人类对于自然界的影响也日益加强。

人类活动对环境的影响

一、人类对环境的主观能动作用

人类不像动物那样，只是以自己的存在来影响环境，用自己的身体适应环境，而是以自己的劳动来改造环境，把自然环境转变为新的生存环境，而新的生存环境再反作用于人类。人类活动对环境的影响远远超过其他生物对环境的影响。人类通过劳动，超脱了一般生物规律的制约，而进入社会发展阶段，从而给自然界打上了人类活动的烙印，并相应于地球表层，又产生了一个新的智能圈或技术圈。人类赖以生存的环境，就是这样由简单到复杂，由低级到高级发展而来。它既不是单纯地由自然因素构成，也不是单纯地由社会因素构成。它凝聚着自然因素和社会因素的交互作用，体现着人类利用和改造自然的性质和水平，影响着人类的生产和生活，关系着人类的生存和健康。

自然环境为人类提供了丰富多彩的物质基础和活动舞台。但人类在诞生以后很长的岁月里，只是自然食物的采集者和捕食者，由于人口数量较少，分布较稀，人类从环境中得到的物质与能量较少，相应地，人类的生活活动以生理代谢过程向环境排放的废物也较少，远远小于环境的自净能力，不会对环境造成污染。那时所谓的"环境问题"，主要是人口增长，滥采滥捕所造成的食物匮乏。为了人类生存，人类被迫吃一切能吃的东西，学会适应环境。

随着人类学会驯化植物和动物，就逐渐在人类的生产活动中出现种植业和畜牧业。人类的生产活动和消费活动领域扩大，人类改造环境的作用越来越明显，人类对环境的影响越来越大。这时候人类向环境攫取的物质与能量数量巨大，排放废物日益增多，破坏了人类与环境之间的平衡，环境开始报复人类，惩罚人类，从而产生环境问题，比较严重的如大量砍伐森林，破坏草原，引起水土流失、水旱灾害和沙漠化。

现代化工业的出现，是人类与环境关系史上又一次大的变革，工业生产主要是生产资料的生产，把大量深埋于地下的矿物资源开采出来，投入到环境之中，许多工业产品在生产消费过程中排放的"三废"大都是生物和人类难以降解、同化和忍受。因此，现代化工业所造成的环境问题是以环境污染为主，其规模之大、影响之深前所未有，可以说，地球上已很难找到一块未被污染的洁净"绿洲"，环境污染已成为全球性的问题。

人类与环境的关系主要是通过人类的生产和消费活动而表现出来的。人类的生产和消费活动也就是人类与环境之间的物质、能量和信息的交流。然后通过消费活动再以"三废"的形式排向环境。因此，无论是人类的生产活动还是消费活动，无不受环境的影响，也无不影响环境。

二、人类活动对环境的消极作用

现代工业生产与环境间的物质交换正在以惊人的速度发展。一方面，一些国家和地区出现了过度消耗土地、森林、能源、淡水及其他自然资源的现象，使之难以恢复再生。另一方面，向环境排泄的废弃物不断增加。当前，人类对生态环境的破坏作用主要表现在以下几个方面。

1.森林被严重破坏

森林是最大的绿地生态系统，是维护陆地生态平衡的枢纽，它对人类文明的发展产生过并将继续产生着巨大的影响。历史上，地球上森林面积一度多达7.6×10^9平方千米，19世纪减少到5.5×10^9平方千米，到1985年全世界森林面积减少到4.147×10^9平方千米。目前，全世界森林面积约为3.0×10^9平方千米，全世界每年砍伐面积$6.0 \times 10^6 \sim 8.0 \times 10^6$平方千米。

2.土地资源丧失

随着森林的砍伐，土地沙漠化和土地侵蚀日益严重。目前，全世界沙漠化面积达4.0×10^9平方千米，100多个国家受其影响。因沙漠扩展，全世界每年损失土地近6.0×10^6平方千米，其中包括草地3.2×10^6平方千米、农田2.7×10^6平方千米。全世界30～80%的农田不同程度地受到盐碱化和水涝灾害的危害，因侵蚀而流失的土壤每年高达2.4×10^{10}吨。这些土壤淤积于河流、湖泊、水库和海洋，造成河流、湖泊、水库和近海水位的不断抬高。

3.淡水资源紧缺，水污染加剧

地球上的淡水不足全球水量的1％，其中淡水河、湖水只占总水量的0.0093％。这些水又有相当一部分蒸发，只有一部分加上适量抽取的地下水来满足工农业生产和人们生活用水的需要。

随着现代工业生产的发展和大城市的兴起，工业废水量和生活污水量急剧增加。全世界每年排出的污水量约4.0×10^{11}立方米，造成6.5×10^{12}立方米水体污染。

据联合国调查统计，全世界河流稳定流量的40％受到污染，有的国家受污染的地表水达70％。

耗水量的增加和水污染的加剧，导致全球性的水资源危机，目前约有20亿人饮用水紧缺。日益严重的水资源危机有可能威胁和平。因此，人类必须依靠强大的技术手段，保护水资源，开发水资源，以主动精神迎接水资源紧缺的挑战。

4.人口暴增

近几十年来，人口激增，已给人类生存的环境造成了巨大压力。这是造成生态环境恶化的根本原因。

自人类起源直到1850年，人类经过漫长的岁月（有人估算是50万年）才发展到10亿人口。第二个10亿是从1850～1930年，用了50年。第三个10亿是从1931年到1960年，用了30年。第四个10亿是从1961年到1975年，用了15年。而第五个10亿仅用了12年（1975～1987年7月11日）。

人口发展的另一趋势是农村人口大量移居城市，使城市人口猛增，从而导致住房、卫生设施、食物供应等紧张，并带来严重的城市生态环境问题。

5.大气污染严重

自工业革命以来，人类大规模的经济活动已导致了大气质量严重恶化。其中，全球性的酸雨危害、二氧化碳积聚导致的温度上升、臭氧层的耗蚀等问题最为严重。

6.臭氧空洞

科学研究表明，人类活动正在严重干扰和破坏大气层中臭氧层的自然平衡。在高空飞行的超音速飞机和高空军事活动排放的氧化氮气体，可与臭氧结合，消耗掉臭氧。世界各地无控制使用的氮肥，释放的氧化亚氮可使臭氧破坏。制冷剂氟利昂、理发美容店里的喷雾剂，也可使臭氧层破坏。还有人认为，核试验也是破坏臭氧层因素之一。

臭氧层遭到破坏，臭氧含量减少，就等于在大气层顶上开了一个天窗，大量的紫外线不受到阻拦照射进来，严重损害动植物的生长，降低生物产量，使气候和生态环境发生变异，特别是对人类健康造成重大损害。大剂量的紫外线照射会导致皮肤癌的发生，微生物将会死亡。大量的紫外线还可能降低海洋生物的繁殖能力，扰乱昆虫的交配习惯，并能毁坏植物，特别是农作物。

7.全球气候变暖

迄今为止，对造成全球变暖的温室效应已有了较深入的研究。其中最受关注的温室气体是二氧化碳和甲烷，此外还有尘粒等。自第二次世界大战以来，大气中二氧化碳的浓度几乎增加了25%，预计在未来40年中将比工业革命前增加一倍，其根本原因是人类的活动过量地排放二氧化碳。据报道，陆地吸收的二氧化碳与排放量之比是1：2.3。甲烷在温室气体中的增长仅次于二氧化碳和水蒸气，而且甲烷分子的增温效应是二氧化碳的7.5倍。甲烷等污染物浓度增加，是全球变暖的另一个重要原因。

全球变暖的一个直接后果是冰川融化与海平面的升高。已有证据表明，北极冰面积已减少2%。如果全球变暖进一步加剧，将会造成极地冰盖的破裂而使海平面急剧增高。现在已达到每10年增高2.54厘米的程度。海平面增高的效应是沿海地区盐水侵入地下淡水层以及沿海湿地的丧失。由于人类1/3的人口是居住在离海岸线不足60千米的地区内，沿海地区土地的丧失会导致全球灾难性的动荡。

8.生物多样性丧失

现在地球上的动植物物种消失的速率，较过去6500万年之中的任何时期都要快近1000倍。20世纪以来，全世界约4000种哺乳动物中，已有106个种和亚种消失了，9000多种鸟类中已有127个种和39个亚种消失了，还有大量动植物的珍稀物种正面临灭绝的危险。如果这些物种完全灭绝，其携带的特殊基因将随之消失，这会使自然生态系统的稳定与平衡遭受到极大的影响，主要农作物和家畜的遗传改良亦将受到严重影响，甚至生物进化的进程也会因此而改变。因此，加强生物多样性的保护是一项刻不容缓的任务。

如何对动物分门别类

动物和其他生物一样，千差万别，各不相同。目前已知的种类有150万种，其物种的多样性及其对环境的适应性比植物更加明显。动物界的发展，也遵循着从低级到高级、从简单到复杂的过程。标志着动物进化和发展水平的个体发育特征，反映在细胞的分化，胚层的形成，体形的对称形式，身体的分节，附肢的变化以及一些重要器官的形成等方面。根据这些方面的情况以及各动物类群特有的结构，目前，学者将动物界分为30余门，其中主要的有9个门。

一、海绵动物门

海绵动物门是最原始的多细胞动物，绝大多数栖息于海水，少数为淡水种类。成体固着生活，多形成群体，附着在岩石和动植物等上。一般认为海绵动物是多细胞动物进化中的一个侧支。

海绵动物门的生物学特征：

1.海绵动物门的体形多不对称，形状变化很大，很不规则；

2.海绵动物是低等的多细胞动物，细胞间保持着相对的独立性，尚无组织和器官的分化。

3.每个个体由体壁和体壁围绕的中央腔构成。体壁由皮层、胃层两层细胞构成，中间夹一层中胚层。皮层为单层扁平细胞，胃层为具鞭毛的领细胞，鞭毛打动引起水流，水中的食物颗粒和氧主要由此携入细胞内消化。

4.胚胎发育有逆转现象，海绵动物的胚胎发育很特殊，受精卵卵裂形成囊胚后，动物极的小细胞向囊胚腔长出鞭毛，植物极的大细胞形成开口使小细胞从开口向外翻出，形成海绵动物所特有的两囊幼虫。原肠形成时，小细胞内陷形成内层细胞，大细胞形成外层细胞，这与其他多细胞动物原肠胚的形成刚好相反，海绵动物的这种现象称逆转现象。故一般认为海绵动物是植物进化。

二、腔肠动物门

腔肠动物是真正的双胚层多细胞动物。在动物界的系统进化上占有很重要的地位，所有高等的多细胞动物，都可以看作是经过这种双胚层的结构阶段发展来的。大多海产，少数生活于淡水中，营固着或漂浮生活。有的为独立的单个个体，有的形成群体。

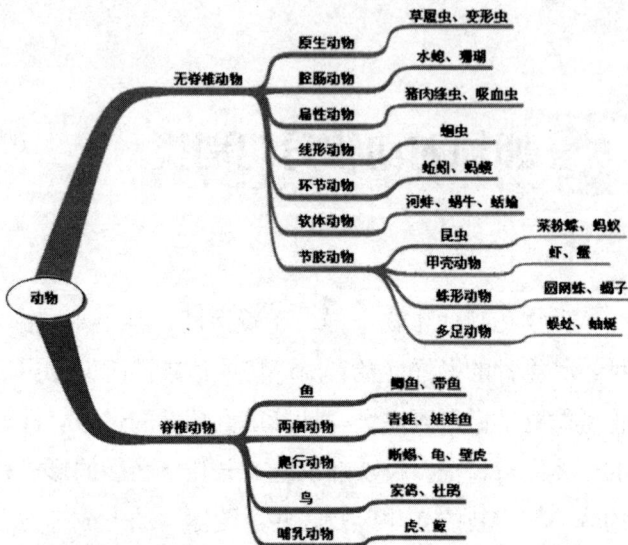

△ 动物分类

1.腔肠动物门的主要特征

（1）躯体辐射对称：指通过身体的中轴可以有两个以上的切面把身体分成两个相等的部分，是一种原始的对称形式。辐射对称有利于其固着（水螅型）或漂浮（水母型）生活。

（2）躯体由两个胚层组成：由内胚层和外胚层组成，两胚层之间为中胶层，中胶层具有支持的作用。由内胚层所围绕的空腔称为消化腔，只有一个口孔与外界相通。腔肠动物第一次出现胚层分化，是真正的两胚层动物。

（3）出现原始消化腔：通过胃层腺细胞分泌消化液，使食物在消化腔内进行初步消化，是动物进化过程中最早出现细胞外消化的动物。消化腔内水的流动，可把消化后的营养物质输送到身体各部分，兼有循环作用，故也称为消化循环腔。消化腔只有一个对外开口，是原肠期的原口形成的，兼有口和肛门两种功能。

（4）有原始的组织分化：有明显的组织分化，内胚层分化为内皮肌细胞、腺细胞、感觉细胞；外胚层分化为外皮肌细胞、刺细胞、感觉细胞、神经细胞等。

（5）有水螅型和水母型两种基本形态：水螅型适应固着生活，中胶层较薄；水母型适应漂浮生活。

（6）具多态现象：腔肠动物有些营群体生活的种类，有群体多态现象，群体内出现两种以上不同体型的个体，有不同的结构和生理上的分工，完成不同的生理机能，使群体成为一个完整的整体。如薮枝虫有两种个体，水螅体专司营养，生殖体专司生殖。

（7）生殖方式

①无性生殖：出芽生殖。

②有性生殖：雌雄同体，产生精巢和卵巢。

有些种类生活史中有两种体型，水螅型为无性世代，无性生殖产生水母型个体；有性世代为水母型，有性生殖产生水螅型个体。

2.腔肠动物门的分类

腔肠动物约11000种，除少数生活于淡水外，其余皆海产，且多数为浅海种类。分三纲。

（1）水螅纲

群体或单体生活；少数生活在淡水中。多数生活史有水螅型和水母型两个世代。水螅型无口道；水母型具缘膜。刺细胞存在于外胚层，生殖腺由外胚层产生。

（2）钵水母纲

这是生活在海洋中的大型水母，无水螅型或水螅型不发达；口道短；不具骨骼；内外胚层均有刺细胞，生殖细胞由内胚层产生。目前已知有200多种。如海蜇、水母等动物。

（3）珊瑚虫纲

已知的珊瑚纲动物约7000种，是腔肠动物中最大的一纲。无水母型，仅水螅型，绝大多数种类群体生活。

三、扁形动物门

扁形动物是一群背腹扁平，两侧对称，具三个胚层而无体腔的蠕虫状动物。

1.扁形动物门的主要特征

（1）身体扁平，体制为两侧对称。

（2）中胚层的形成：内外胚层间出现中胚层。

因为动物的许多重要器官、系统都由中胚层细胞分化而成，这促进了动物身体结构的发展和机能的完善，是动物体形向大型化和复杂化发展的物质基础。中胚层的形成不仅为器官系统的进一步分化和发展创造了条件，而且也是动物由水生进化到陆生的基本条件之一。

（3）皮肤肌肉囊：肌肉组织（环肌、纵肌、斜肌）与外胚层形成的表皮相互紧贴而组成的体壁称为皮肤肌肉囊。功能：保护、强化运动、促进消化和排泄。

（4）不完全的消化系统：有口而无肛门，称为不完全消化系统。寄生种类消化系统趋于退化（如吸虫）或完全消失（如绦虫）。

（5）原肾管排泄：原肾管是由焰细胞、毛细管和排泄管组成的。纤毛的摆动驱使排泄物从毛细管经排泄管由排泄孔排出体外。

2.扁形动物门的分类

（1）涡虫纲：体长10～15毫米，身体扁平柔软，头部有一对耳突，背面灰褐色，腹面灰白色，密生绒毛。具有典型的梯形神经系统，一对脑神经节向后伸出两条粗大的腹神经索，中间有许多横神经相连。有极强的再生能力。

（2）吸虫纲：寄生生活，体表有1～2个吸盘或吸钩，用于固着；成虫体表不具纤毛和腺细胞。生殖系统发达，繁殖能力强，生活史有更换宿主的现象。幼虫有自由游泳阶段，成虫寄生于人、猫、狗等动物的肝管和胆囊，引起肝脏疾病。常见种类有三代虫、指环虫、日本血吸虫、布氏姜片虫、肝片吸虫。

（3）绦虫纲：全部内寄生生活，成虫体表不具纤毛，幼虫具钩，身体一般成扁平带状，包括头部、颈部和许多节片。消化系统完全退化。常见的如牛带绦虫、猪带绦虫等。

四、原体腔动物门

1.原体腔动物门的特征

外部形态差异很大，相互之间的亲缘关系不甚清楚，但具有一个共同特征——假体腔。假体腔又称初生体腔，即胚胎发育中囊胚腔遗留到成体形成的体壁中胚层与内胚层消化道之间的腔，这是外胚层的表皮与中胚层形成的肌肉组成的体壁，而肠壁的形成没有中胚层的参与，仍然由内胚层形成。假体腔是动物进化中最早出现的一种体腔类型。动物的假体腔内充满液体或具有间充质细胞的胶状物；身体可以自由运动；腔内的液体和物质出现简单的流动循环；出现完全消化道（口、肛门），消化能力得到加强；体表有一层角质层。

2.原体腔动物门的类群

原腔动物约18000余种，广泛地分布于海洋、淡水、潮湿地土壤中，很多种类寄生在动物、植物体内。各类群间的形态差异很大，亲缘关系部不密切，学者们的分类意见也不统一。比较重要的有线虫纲和轮虫纲。

（1）线虫纲：约15000种，为假体腔动物中种类最多的一类，据估计全部种类不少于50万种。分布于海洋、淡水、土壤中，个体数量巨大。线虫孵化后，除生殖细胞外，体细胞就不再分裂了，故线虫的细胞数目是恒定的。常见种类有人鞭虫、十二指肠钩虫、蛲虫、人蛔虫、血丝虫等。

（2）轮虫纲：体形微小的多细胞生物，结构复杂，身体前端具纤毛围成的轮器，旋转如车轮。约2000多种。绝大多数生活于淡水，与渔业关系密切，为鱼类的重要饵料。

五、环节动物门

1.环节动物门的主要特征

（1）形成真体腔：多细胞动物胚胎发育过程中依次出现三个腔：囊胚腔、原肠腔、体腔。体腔是由中胚层形成时出现的中胚层体腔囊发展而来。

（2）身体分节。环节动物由一系列相似的体节构成，是其最显著的特征之一。体节的出现对动物体的结构和生理功能的进一步分化提供了可能性。身体分节是高等无脊椎动物进化的重要标志。

（3）第一次出现循环系统，但已是一种高级形式的闭管式循环系统，血液始终在血管中流动。

（4）链索状神经系统由脑、围咽神经索、咽下神经节和腹神经索组成。

（5）皮肤呼吸：大多数环节动物无专门的呼吸器官，由于循环系统的产生，皮肤内有丰富的毛细血管，可依靠体表进行皮肤呼吸。

2.环节动物门的分类

（1）多毛纲：全为海产，大多可为鱼类饵料，如沙蚕。有发达的头部和疣足，以疣足为运动器官，无生殖带，雌雄异体。

（2）寡毛纲：大多陆生，少数生活在淡水中，其中4/5为各类蚯蚓。头部退化，无疣足，以纲毛为运动器官，有生殖带，雌雄同体。

（3）蛭纲：淡水、潮湿土壤中半寄生生活。前后有吸盘，身体扁平，体腔退化，无疣足和纲毛，雌雄同体，有生殖带。如蚂蟥（蛭）。

六、软体动物门

1.生物学特征

本门动物身体柔软，左右对称，不分节，具石灰质贝壳，是重要的真体腔动物，身体两侧对称，具有三个胚层和真体腔，属于原口动物。已经出现了所有的器官系统，而且都很发达。所有生活在海洋中的软体动物都有担轮幼虫期。

2.软体动物门的分类

目前记录的现存的软体动物大约有11.5万种，此外还发现了3.5万种化石。根据身体构造的不同，将软体动物分为7个纲：无板纲、多板纲、单板纲、瓣鳃纲、掘足纲、腹足纲、头足纲。

七、节肢动物门

节肢动物门是动物界种类最多的一门，其身体结构及形态、呼吸器官及排泄器官多样化，种类多达100万种以上，约占动物种数的84%。它们的分布极为广泛，对环境有高度适应性。

节肢动物的身体明显地由同律分节进化到异律分节，在分节的基础上，身体分为头、胸、腹三个部分；有带关节的附肢，有的类群具有可以飞翔的翅；具混合体腔、开放式循环系统；有几丁质外骨骼，生长过程中有蜕皮现象；一些种类对陆地生活高度适应。节肢动物种类多、形态结构变化大，分类系统存在较大的争议。现采用较为简明的分类系统：根据异律分节、附肢、呼吸和排泄器官的情况，将现存的节肢动物分为6纲：原气管纲、肢口纲、蛛形纲、甲壳纲、多足纲、昆虫纲。

八、棘皮动物门

棘皮动物的体制多为五辐射对称，身体表面具有棘、刺，突出体表之外；体腔一部分形成独特的水管系统、血系统和围血系统；神经系统没有神经节和中枢神经系统；棘皮动物具有内骨骼——由中胚层起源的钙化骨片形成；内陷法形成原肠胚，肠腔法形成中胚层、真体腔；棘皮动物与此前讲述的无脊椎动物不同，它的卵裂、早期胚胎发育、中胚层的产生、体腔的形成，以及骨骼由中胚层产生等，都与脊索动物有相同的地方，而不同于无脊椎动物。从成体口的形成和肛门的形成看，棘皮动物也同于脊椎动物。棘皮动物、脊椎动物都属于后口动物。因此普遍认为，脊索动物与棘皮动物具有相同的祖先。

棘皮动物全部是海洋底栖生活。现存6000多种，化石种类则多达20000多种。

九、脊索动物门

脊索动物是动物界最高等的一门动物，现存约7万种，形态结构非常复杂，分布及其广泛，能够适应不同的生活环境。脊索动物的共同特征主要表现在：

1.具脊索。脊索是一条支持身体的棒状结构，位于消化道的背面，脊索在低等种类中多终身保留，高等动物则仅出现在胚胎时期，成体由脊柱代替。

2.具背神经管。位于脊索背面，是一条中空的神经索。

3.具鳃裂。为咽部两侧直接或间接与外界相通的裂孔，也称咽鳃裂，为呼吸器官。

脊索动物分四个亚门：半索动物亚门、尾索动物亚门、头索动物亚门和脊椎动物亚门。前三种海栖脊索动物种类少。脊椎动物是高等的脊索动物，形态和机能复杂而完善，生存和适应能力强。

物种是如何形成的

　　物种的形成，是一个长期备受争论的问题。物种形成的长期性使得没有人能够亲历其过程，因此出现了数十种物种形成的模式和假说。不同的观点都有其合理性和代表性，同时难免也有局限性。从进化论角度分析，伴随着地质环境的不确定性或周期性的剧烈变动，漫长的地质演变决定了生物在同样漫长的进化过程中，旧物种的灭绝和新物种的诞生是一个自然历史过程。正由于物种是生物进化的产物，在进化过程中，加上适应和自然选择的结果，必然导致具有高度适应性的新物种的形成和失去适应性的旧物种的灭绝。新物种的形成增加了自然界的生物多样性。无论是已灭绝的物种还是现存物种，都是与自然环境演变相适应的进化和自然选择的产物，都具有相同的形成机制。一般认为物种的分化形成是一个非常缓慢的过程。但是也有不同的结论认为大约经过12代的有效隔离就能形成生殖隔离，从而形成新种。

　　一、物种形成的隔离机制

　　"隔离机制"一词首先是由杜布赞斯基（1937）提出。物种的生物学概念在物种定义中占主导地位，生殖隔离是物种形成的基础。迈尔（1952）也特别强调地理隔离，并将地理隔离看作是产生物种（特别是同域的）之间生殖和一般形态中断的原因。同时，地理隔离导致生殖隔离，后者反过来导致两个新近分衍物种之间表型的巩固和进一步发展。杜布赞斯基把地理隔离和生物表型的各方面看作是将物种分开的手段，即将隔离机制作为物种产生差异的最终原因，将物种看作是已适应了新的环境，占领了生态位，适合度最大化。

　　二、地理隔离

　　群体间机械隔离最普遍的形式是空间隔离。其中由于所栖居的地理区域不同而导致群体间彼此发生隔离的现象叫地理隔离。

有时地理隔离的含义仅限于距离间隔。相距甚远的两个地区的同一物种不能相互交配。甲地物种的繁殖要经受以当地环境条件为主体的自然选择，显然，这些环境条件与乙地的条件相差很远。两地间的条件差异并不是突然发生的，而是由甲地到乙地逐渐变化的。因而，这种现象如果发生在同一物种内，就会导致由一个地区的表现型逐渐过渡为另一个地区的表现型，产生渐变群。

而且，即使有时环境条件的某些方面具有不连续性，在相邻的连续群体间的基因流动也往往使得这些不连续类型间的差异变得模糊不清。如果在这样的区域内进行大规模的取样观察，则相邻地点的样本间不会表现任何的不连续性。但是，随着样点间的距离越来越大，样本间的形态差异会越来越明显，则会在渐变群的两个极端之间产生生殖隔离的现象。与此同时，在整个渐变群内的相邻群体间却是可以相互交配的。事实表明，渐变群体两端的种群已由于其间的生殖细胞具有差异而发生一定的隔离，从而提供了作为分类学上物种形成的一个条件。由此可见，地理隔离能够导致种内生殖隔离的发生，虽然这些种群间还没有明显的界限，通常把它们称之为异地种群。许多其他因子也能导致空间隔离。例如，白令海峡和中美洲地峡的地层升降，对于陆地及海洋动物的隔离具有很大影响。其中，中美洲地峡在新生代第三纪曾淹没在海中，这对于拉丁美洲动物区系的演化有很大的影响。另外，冰川或气候变化对地理隔离也有明显的作用。大量证据表明短吻鳄曾广泛分布于美国东南部的区域内，但由于更新世冰川作用，其分布范围缩小了一半。前面谈到的呈现渐变群分布的物种，在分布区的任何一端都有一些特定种族，只要将中间群体淘汰，这些种群就可成为彼此不同的物种。同时，河流、山脉或沙漠的形成或森林火灾的出现等也都可能导致空间隔离。虽然在特定时期发生的重大变迁在长期的隔离中很重要，但它们并不经常发生，不足以作为物种内在划分种族时的基本原因，生态因子的不连续分布则是更为重要的原因。隔离机制都应该有遗传因素的控制，能减少或阻止不同群体的同地成员之间的异交。因而，由种群上升为物种通常需要能够导致较强生殖隔离的其他隔离机制存在。

三、生殖隔离

确定物种形成的标准是生殖隔离的形成。生殖隔离机制的建立，阻断了原属于同一种间的基因交流，逐渐形成两个新种。交配前的隔离机制能限制种间或种群间的杂交。现引用孙儒泳（2001）、郭仲平（1993）的著作，对生殖隔离做一简单的介绍。

形成生殖隔离的因素很多大致可划分为：

1.合子前隔离机制。主要包括避免隔离中的异种个体相遇以及即使相遇也不能交配的机制。

（1）季节隔离和生境隔离。确保异种个体不能相遇的机制主要是季节隔离和生境隔离。季节隔离在动物界和植物界都普遍存在。例如，美洲蟾蜍繁殖季节较早，而蟾蜍繁殖季节较晚。尽管这两种蟾蜍可能生活在同一池塘中，在人工控制排卵的情况下可以杂交，但是在自然界它们是彼此隔离的。植物中成熟的胚珠和花粉是繁殖过程的关键因素，并受到一系列气候因子的控制。花粉成熟期相差一周就能导致物种间的完全隔离。应该指出，一个物种并非只限于一种隔离机制。例如，上述两种蟾蜍之间实际上既有季节隔离也有生境隔离。后一种不仅繁殖季节偏晚，而且对于生境有明显的选择，它们大多数生活在大的池塘或静静的溪流中。而前一种则以小而浅的水坑或干河中的小池为繁殖场所。由此可见两种隔离机制同时起作用。

（2）行为隔离。致使潜在配偶相遇而不能交配的主要机制是行为隔离。行为隔离有时也叫做心理隔离，或者称作有性隔离。这种类型的隔离仅限于动物界，植物界没有类似现象。大多数动物的交配行为是复杂的，它包括一系列紧密协调的行为活动。如果在这一系列活动的任何一步的一个特定的刺激没有引起适宜的反响，就会导致求偶过程中断而不能进行交配。通常由雌性个体进行选择，而雄性个体普遍表现缺乏判断。求偶类型包括听觉、视觉、嗅觉和触觉等感官的多种有性刺激。鸟类的彩色羽毛、两栖类求偶鸣叫、雄性蛾子的引诱性气味、果蝇及其他昆虫的触觉等全部具有性判识和求偶的成分。例如，果蝇雌体通常选择交配伙伴时，如果将其触角去掉，就会使其失去判别异种雄性的能力。另外，去掉雄果蝇的翅膀，它们就不能刺激雌果蝇与之交配。有些物种不能在黑暗条件下交配，说明视觉的刺激很重要。行为隔离作为合子前隔离机制可以避免产生不应产生的后代，减少能量消耗，因而是较为有效的隔离机制。它的另一个明显的特点是在自然条件下的隔离作用很有效，但在实验室内的异常条件下却不尽然。行为隔离并不是万无一失的隔离机制。至少对于近缘物种是这样，而且它的作用很大程度上取决于环境条件。

（3）机械隔离。机械隔离也是合子前隔离机制的一种类型，它在许多节肢动物中起到重要作用。机械隔离包括体型大小的差异，昆虫的这些差异具有明显的特异性，因而可将其作为一种重要的分类特征。另外，兰科植物等的花和柱头裂口的形状和大小，也是阻止异种交配的有效机制。

（4）配子不亲和。配子不亲和导致合子不能形成，因而这是一种合子前隔离机制，其中主要包括精子不能传递及配子不能在异种生殖系统内存活。这方面的例子较多，其中以果蝇受精反应中的精子不能存活较为明显。这种受精反应的强度和持续时间随着交配双方亲缘关系的密切程度而变化。在植物界也有类似反应，主要表现为一些种的花粉粒不能在其他物种的柱头上萌发。这类现象有时也叫做"生理隔离"。

2.合子后隔离。合子后隔离机制包括：合子不能发育；杂种个体生活力低；可育性低；繁殖力低或者由于杂交重组打乱相互适应的基因复合体而产生适应性很差的个体等。合子后隔离致使物种的能源损耗较多，尤其是当所产生的杂种后代在不同程度上无生活力或不育时更是如此。杂种不成活的原因多种多样，其中主要原因是遗传不均衡导致生理或发育紊乱。杂种无生活力显然影响其生育能力，同时还有许多例子说明，尽管杂种本身生活力不低于甚至还高于其双亲，但却可能是部分甚至完全不育的。马与驴杂交产生的骡子就是其中一例。由于染色体的同源性不足，以致使减数分裂不正常，因而骡子一般是不育的。

促使群体适应于不同环境，从而产生群体间遗传分化的条件，有助于不同种群成员生殖隔离机制的进一步发展。有时杂种会对其两个亲本各自适应的条件表现出不适应。产生这些不良杂种的亲本会因为它们将基因传递给不适应环境的杂种而受到选择压力。这意味着这些亲本对下一代的遗传贡献实际上被浪费了。从而进一步说明合子前生殖器隔离是更有效的。在某种情况下，如果地理隔离持续足够长的时间，使得种群间的遗传分化达到一定程度，必然会导致彼此间的生殖隔离。它们之间偶尔交配得到的杂种则因遗传不均衡而不能存活。

另外，染色体畸变作为合子后隔离机制之一也是不可忽略的。对果蝇近缘种染色体研究表明，其间的差异主要是染色体倒位，有时也有易位情况。易位绝大多数是着丝点并合类型，从而使得两条近端着丝点染色体并合为一条中间着丝点染色体，而且其长度大约相当于原来染色体的2倍。作为易位和倒位杂合子的杂种个体，由于能产生染色体不均衡的非整倍体配子而导致部分不育。

果蝇等这一类物种中染色体差异的广泛存在，似乎表明它们是物种形成中必不可少的因素。事实并非如此，卡森等（1967）在夏威夷群岛研究许多种果蝇，发现其间的有些差异极为明显，但却没有发现染色体结构的差异。

总之，导致生殖隔离的途径多种多样，其共同之处在于使不同种群彼此分隔开来，经过长期遗传分化趋异，最终形成彼此截然不同的独立物种。

四、生殖隔离的起源

不同物种可能同时受到两种或者多种隔离机制的作用，实际上应该说近缘物种间的生殖隔离往往涉及几种不同的隔离机制。虽然任何一种隔离机制都可能仅产生部分生殖隔离，但是一些机制的综合效应却可能完全隔断近缘物种之间的基因流动。由于这些隔离机制多种多样，它们应该是彼此独立的。同时，生殖隔离机制是遗传控制的，因而它们应该是独立遗传的。有关遗传研究表明种间生殖隔离差异的分离并不符合简单的孟德尔分离比例，从而看出这些差异的遗传并不是由一个或几个位点控制的。群体间既可以在形态方面彼此分化，又可以在对不同生境的适应方面彼此分化，而并不一定需要彼此间生殖隔离。因而，可以认为生殖隔离的遗传基础与多向适应或线系进化的遗传基础不同。从而，有必要探索生殖隔离的起源问题。一种学说认为生殖隔离是作为遗传趋异的伴随产物而发展起来的；另一种学说认为，生殖隔离是自然选择的产物。即如果物种间的杂种因其适应性比亲本物种差而受到选择压力，那么最终结果则是选择不仅针对杂种本身，而且也针对原来的种间杂交。关于隔离机制起源的这两个学说是互补的。而且两者都是以隐含的异地物种形成为依据的。认为隔离机制是伴随遗传趋异而产生的。这种见解的实质是：一个物种的彼此隔离群体由于选择、突变和随机漂变的综合作用而发生遗传趋异，从而形成生态型、生态种群、地理种族等各种实体。在这些彼此隔离的实体中，生境适应、繁殖季节或性行为等方面的差异，足以作为隔离机制而起作用。虽然合子前隔离机制按这种方式起源是容易理解的，但是诸如配子不亲和、杂种不存活或不育等后隔离机制的起源却不是那么简单的。对于合子后隔离机制发生的过程可作如下说明：一个特定群体的基因库是集合遗传体系，两个群体在隔离中发生遗传分化的同时也累积了许多的遗传差异。当这个过程进行到一定程度再将这两个群体杂交时，由于其间的遗传体系差异过大，致使杂种不能维持正常的生长发育。

第二种学说认为生殖隔离是由自然选择引起的，其代表人物为杜布赞斯基。该学说假定一个物种的不同群体有地理隔离，而且发生一定程度的遗传趋异，这些因素可能导致不同类型隔离机制的产生。如果这些已分化的群体重新接触，那么已经产生的任何一种隔离机制都能由于自然选择的定向作用而加强。如果两个群体间异交产生的杂种不适应现有的环境条件或部分不育或生活力低，那么自然选择就会对这些杂种个体起作用。同时，选择不仅淘汰这些杂种，而且也淘汰有关杂交亲本的基因。如果异种群杂交后代的适应性低于同一种群交配产生的后代，导致同类型交配的基因都将处于自然选择有利的地位，从而提高它们在群体内的频率。

五、物种的形成方式

物种的形成方式，一般分为三类：

1.异域性物种形成。这种方式形成的物种称为地理物种。其形成的方式又分为两类：

（1）大范围的地理分割，分开的两个种群朝着各自的进化方向演化，形成生殖隔离。例如，大型猫科动物、犬科动物、鸟类等物种，其分布的范围大，通常需要很长的时间才能形成两个物种。

（2）种群中少数个体从原种群中分离出去，到达异地经过地理隔离和独立演化而形成新种。这种新种形成的方式多见于啮齿类、灵长类和昆虫。

异地物种形成过程包括：

（1）隔离。初始基因库分为两个或多个隔离组群，隔离发生的过程首先是自然环境的变化导致物种分布的范围缩小。原来呈均一连续分布的群体可能收缩为若干孤立的种群。实际上群体的自然分离以至彼此间部分或完全隔离是普遍的现象。

（2）分化。这些分开的基因库独立演化，分化过程意味着彼此隔离的群体向不同方向演化，从而产生形态或生理方面的差异。分化通常发生在隔离之后。

（3）继发合并。不同群体内的个体可能对于食物、空间、栖居地点等资源条件有相同的需要。如果这些群体相互接触，其间的个体就会为争夺资源而发生相互作用，这就是竞争。如果种群间没有生殖隔离，还可能发生异交。经典竞争理论认为，种间的竞争往往有利于一个种群内的成员而不利于另一个，因此二者难以共同生存，势必合并重组或淘汰。任何两种类型都不能无限期分享完全相同的环境条件，最终一种类型必将取代另一种类型。

（4）新基因库间的竞争。种群分布范围重叠的另一种后果是发生性状代换。两个亲缘关系密切的异地物种分布范围重叠时，其中的有些个体可能会分不清异种的成员而与其交配，这样产生的后代很可能是不育的。由于这类个体很少产生后代，它们的基因型将被自然选择所淘汰。其结果是：每个物种中与另一个物种的成员相差越远的个体，产生有生活力后代的可能性越大。因此，随着时间的推移这两个物种会越来越不同。这种现象叫做"性状代换"，由于性状代换只可能出现于两个物种范围重叠的场合，因此彼此分隔的群体间的区别可能会小于生活在同一区域的群体。

2.邻域性物种形成。新的物种形成在地理分布区相邻的两个种群间。一个分布区很广的物种，由于边缘栖息环境的不同，使种群内的次级种群分化、独立，即使没有出现地理隔离的屏障，也能形成基因交流的障碍，在自然选择的作用下，逐渐形成生殖隔离机制进而形成新种。邻域性物种的形成多见于活动性少的生物，例如植物、鼹鼠、无翅昆虫等。如果在地理分布区相邻的两个种群间能产生一些遗传均一的类型，而且这些类型如果能够满足这样的条件：（1）利用彼此不同但又近邻的生存环境；（2）原物种的其余部分有生殖隔离。那么就可能形成新物种。邻近物种形成在植物中相当普遍。总之，在物种分布的边缘地带可能会产生一些个体，这些个体既具有新的生理特性，从而可以占据新的生态区，又在一定程度上与原物种发生生殖隔离，而且其生殖隔离程度会因后续的选择作用而得以加强。

3.同域性物种形成。在同一种群分布区的内部，由于生态位的分离，逐渐建立起若干子种群，并且形成生殖隔离，形成基因库的分离进而形成新物种。一般认为自然界中同域性物种形成的可能性很小，但寄生生物中最有可能出现同域性物种，因为寄生生物由于对寄主的适应常具有特异性，而大多在寄主体内繁殖，所以比较容易形成与母群的生殖隔离。美国生物学家格布什认为，同地物种形成可能主要限于寄生及拟寄生生物，寄生生物由原寄主迁移到新寄主的简单过程，就可能导致生殖隔离。在新寄主上的群体必须适应新的环境，这种新适应性通常会引起形态和生理变化，这一过程起主要作用的基因大概可分两种类型：（1）与识别和选择寄主有关的基因；（2）与在寄主体内存活有关的基因。与识别和选择新寄主有关的变化涉及的基因数目不多，由于寄主识别主要依靠化学刺激，因而与化学感受能力有关。向新寄主转移的第一步就是确立向后代传递识别新寄主的能力。新寄主与原寄主之间的物理与化学方面差异的大小决定该寄生虫后续分化程度的高低。

此外，岛屿由于与大陆的隔离，往往容易形成适应于当地的特有种。例如，南美大陆以西的加拉帕格斯群岛的众多岛屿上分布有多达14种达尔文雀。

目前，关于物种形成方式的讨论仍在进行。

什么是全球物种特有性格局

当物种自然分布范围有一定的限制时，称为特有现象或特有性，如大熊猫，自然分布仅局限于中国的川、甘、陕毗邻地区，因而它是中国特有属和特有种。特有种现象是相对于世界广泛分布现象而言的，一切不属于世界性分布的属或种，都可以

△ 华南虎主要分布于我国的华南地区

称之为分布区内的特有属或特有种。不同地区的动植物区系中特有性的程度也因不同地区的历史和自然条件等的差异而有较大的不同。

研究表明，至少在高等脊椎动物中，一个国家如果拥有一个类群的特有性较高，那么拥有其他类群的特有性也往往较高。一个国家的哺乳类和鸟类、哺乳类和爬行类的特有性程度在统计上往往是非常相关的。但也有一些例外，尽管一些国家同时拥有较高的植物、脊椎动物特有性，但有些类群之间不相关，如哥伦比亚虽然两栖类特有性较高，但哺乳动物特有性却不高；南非开普敦地区特有植物达6300种，但哺乳类仅有15个特有种。

不同地质年代的生物特征是怎样的

按地质年代由老到新依次简要介绍如下。

一、冥古宙。具有"开天辟地"之意，是地球发展的初期阶段。目前，在地球表面尚未见到或确证这一时期形成的大量岩石，这可能是该时期的地表岩石绝大部分已被后期改造的缘故。

二、太古宙。是已有大量岩石记录的最古老地质年代，这一时期的岩石一般是变质程度很高的变质岩，这一时期的生物仅有极原始的菌藻类。

三、元古宙。为较古老的地质年代，这一时期的岩石记录已十分普遍，元古宙包括古元古代、中元古代和新元古代3个代。其中，中元古代和新元古代在我国被分为4个纪，由老到新依次为：长城纪，名称来自于我国的万里长城；蓟县纪，名称来自于我国天津市的蓟县；青白口纪，名称来自于我国北京市附近的青白口镇；震旦纪，"震旦"是我国的古称。这4个纪的地层在我国比较发育，研究较详细，因此，我国地质学家用我国的名称给予了命名，但仅在国内通用，尚未得到国际公认，其他国家还有不同的名称。元古宙的生物主要为各种原始的菌藻类，包括蓝藻、绿藻、红藻及一些细菌，此外还有少量海绵动物、水母及蠕虫等生物。

四、显生宙。是开始出现大量较高等生物以来的阶段，它包括地球最近5.7亿年的历史，其中又分为古生代、中生代和新生代。

古生代意为"古老生物"时代，包括6个纪，由老到新依次为：寒武纪，"寒武"是英国威尔士的古称，这一地质时期的地层在威尔士研究得最早；奥陶纪，"奥陶"是英国威尔士一个古代民族的名称，该时期地层也是在威尔士最早研究的；志留纪，"志留"是曾经生活在英国威尔士边境的一个古代部族的名称，在该边境地区最早研究了这一时期的地层；泥盆纪，该时期的地层在英格兰的泥盆郡研究得最早；石炭纪，因该时代地层中煤层得

△ 恐龙称霸在中生代

名，该名创于英国；二叠纪，最早研究的该纪地层出露于乌拉尔山西坡的彼尔姆城，按音译应用彼尔姆纪，但因该地层具有明显二分性故按意译为二叠纪。其中寒武纪、奥陶纪和志留纪为早古生代，泥盆纪、石炭纪和二叠纪为晚古生代。早古生代是海生无椎动物繁盛的时代，包括三叶虫、珊瑚、海绵动物、苔藓虫、腕足类、笔石类、水母、海百合等。早古生代后期开始出现鱼类，到早古生代末期，原始的植物开始登陆，但主要是一些在海边生存的半陆生低等植物。在晚古生代，虽然海生无脊椎动物仍然较为繁盛，但脊椎动物的发展表现更为突出。早古生代晚期出现的鱼类，在泥盆纪得到充分发展。并在泥盆纪晚期逐渐演化成原始两栖类，开始了动物登陆的历史。石炭纪是两栖类的繁盛时代，石炭纪中、晚期开始出现原始的爬行类。在二叠纪爬行动物得到进一步发展。晚古生代陆生植物群的蓬勃发展，成为其生物界的又一显著特征。这一时期主要为蕨类、孢子植物，泥盆纪时期开始出现小型森林，到了石炭纪、二叠纪，各种高大的乔木类植物如节蕨、石松类、种子蕨、真蕨等开始形成高大森林，为成煤提供了良好的物质基础。

中生代。意为"中期生物"时代，分为3个纪，由老到新依次为：三叠纪，该纪地层在德国南部研究最早，地层具明显三分性；侏罗纪，在法国与瑞士交界的侏罗山最早研究了该纪的地层；白垩纪，英吉利海峡北岸，这一时代的地层中产出白色细粒的碳酸钙，拉丁文意为白垩，因此而得名。

中生代是爬行动物空前繁盛的时代。其中有以食草为主、身体庞大（可长达30米、重达60吨）的雷龙、梁龙等大型动物；也有以肉食为主、身形灵活的霸王龙等。不仅陆地上有恐龙，海洋中有鱼龙、蛇颈龙等，天空中也有翼龙类等。中生代时期，鸟类、哺乳类动物开始逐渐形成。在无脊椎动物中，菊石、箭石类软体动物得到充分发展。中生代的植物以裸子植物占统治地位。

新生代。意为"近代生物"的时代，其中包括第三纪和第四纪。第三纪和第四纪的名称起源于18世纪欧洲地质学家对地层系统的划分。当时，他们把地层由老到新分为第一系、第二系、第三系和第四系。后来，第一系、过渡系和第二系三词已被其他名称所代替，只有第三系和第四系被现代地质学所继承下来。

中生代末期是地球上生物演化的巨大变革时期之一，原来极其繁盛的爬行动物恐龙类在中生代末期突然全部绝灭，海洋中的盛极一时的菊石、箭石类（属软体动物）也几乎同时绝灭。而中生代逐渐形成的哺乳动物及鸟类，由于其适应性较强而逐渐取代了恐龙的位置。新生代是哺乳动物大发展的时代，其中绝大部分生活在陆地，但有的则生活于海中（如鲸鱼、海豚等）和空中（如翼手类）。新生代晚期开始出现人类，这是地球上生物演化史的一次最重大飞跃。新生代的植物以被子植物占统治地位。

为什么说森林是天然的环保多面手

地球上郁郁葱葱的森林，是自然界巨大的绿色宝库。

一、森林是天然的"蓄水库"

森林能涵养水源，保持水土，被人们誉为"绿色水库"。当人们进入大森林时，总会感觉空气湿润，林地松软而潮湿，这是因为林区降雨多的原因。主要是森林可以阻挡气流，促使气流升高和涡动，促进水气凝结而降雨。

在森林中，当滂沱大雨降落时，首先遇到的就是密密层层的树冠，参差的树冠及其茂密的枝叶对降水起到截拦、阻滞作用，一般说来，树冠大约可以截留雨量的25％，这些降水经过蒸发，又送回到空中。穿过树冠的雨水降落地面，又有15％为软如海绵的枯枝落叶层和表层土壤所吸收，35％的雨水渗入地下，成为地下水，只有25％经地表径流流走。森林地区的地下水流动很慢，一年才走2千米路程，因而能有效地保持水土。

森林的蓄水能力很大。据测定，每公顷林地比无林地能多蓄水300立方米，造10万公顷林就相当于建一座3000万立方米库容的大型水库。

森林的蓄水功能对于暴雨季节防止山洪暴发十分重要。在光秃秃的山区，每当暴雨降落，雨水因无阻拦而来不及渗透进土壤，就顺着地表泛流而去，无数径流汇成洪水，浊浪滚滚，泥沙俱下，往往造成洪水泛滥之灾。而在有森林的地方，由于森林的作用则会使山洪减弱、减缓，避免洪灾发生。1975年8月，中国河南中部连降特大暴雨，在暴雨所及范围，板桥、石漫滩两大水库大坝崩决，造成严重危害，而处于同一地区的东风水库，却安全度过洪峰。究其原因，主要是因为板桥、石漫滩水库上游森林覆盖率低，只有20％左右，往年已因水土流失，泥沙淤积，减少了库容，这次暴雨倾泻时，又缺乏截留雨水的林木，当洪流奔腾而下，泄洪不及，造成洪灾。而东风水库的上游及库区周围，森林覆盖率达90%以上，林木阻截下泄的降水，减少了径流量，因而安然无恙。

在无雨的干旱季节，森林又能通过巨大的蒸腾作用，将其蕴蓄的水分蒸发到空气中去，增加了空气的湿度，凝云致雨，增加林区及附近的降雨量，从而减弱旱情。

在河流水源地区保持良好的森林植被，能够调节径流，改善水的供应，促使林区地带云多、雾多、雨多。由此可见，"山上多种树，等于修水库，雨多它能吞，雨少它能吐"的说法很有科学道理。

树木是抽水机。因为树木的庞大根系，在地下搜索着每一滴水，通过树干不断输送到树叶，然后再由叶面上的气孔排到空气中。一亩松树的叶表面，在一个夏季就可以向空气中排出142吨水，可使围径200～300米的周围气温下降2～4℃，使空气的湿度增加15～20%。因此，人们在树木附近会感到舒适。

二、植物是天然的"空调器"

赤日炎炎的盛夏，人们都喜欢在树阴下乘凉，更喜欢到郊外的森林里去避暑。尽管骄阳似火，可是一旦步入森林，顿时会觉得清凉的空气沁入心田，给人以无比的舒适之感，比进入装有空调的房间要舒服多了。这是因为森林里的绿色植物对气候具有调节作用，可使地温、气温、空气的湿度保持在宜人的程度，因此人们亲切地称植物是天然的"空调器"。植物起空调作用的原因很多，但主要有以下四个方面。

1. 屏蔽作用：植物茂密的枝叶可挡住阳光，减少阳光对地面的照射，又可将部分阳光反射向天空，而且还能将大部分阳光吸收，用来合成机体的各种有机物质。在植物繁茂的森林里，无数的植物如同无数把大大小小、高低参差的蔽荫伞群，使炽热阳光不能到达地面，甚至成为不透光的蔽荫凉棚，因此森林覆盖的地面气温不会因阳光辐射而升高很多，即使在林外气温达到全日最高值时，森林内却仍近于日最低温度。

2. 蒸腾、吸热、降温作用：植物群的枝叶每天都要吸收、蒸发大量的水分，从而调节温度。在水分变成蒸气的蒸腾过程中，就要从周围的空气中吸收大量的热量，使其周围空气的温度降低了许多。当水蒸气上升至高空，也就把热量带到高空散去，这是植物空调与家用空调器的共同原理。树林，甚至独立的大树也具有空调作用，盛夏中午，在房前屋后的树阴下，无风而自凉就是这个道理。据测定，每公顷森林每年要蒸腾8000吨水，同时吸收40亿千卡（1卡=4.18焦耳）的热量。树荫下的温度要比街道和建筑物低16℃左右，绿化地区的温度可比无绿化区低8～10℃。就是小小的草坪的温度也比广场和建筑物要低3～5℃，这些都是植物调节的功劳。

3. 增加空气湿度的作用：植物储存的大量水分，在蒸腾过程中汽化进入空气中，使周围空气湿度增高，从而调节空气的湿度，防止干燥。植物的这种增湿作用在林地、绿化较好的公园等表现得十分明显。据测定，绿化地区比无绿化地区空气的相对湿度高11～13%。

4. 产生微风的作用：由于植物的降温增湿作用，使其周围的冷空气密度大而产生水平压力向热空气区流动，热空气因密度小在冷空气压力下就会向天空上升，因此产生了微风。是在无一丝风的盛夏时节，人们在树荫下也会感到微风拂面，凉爽宜人。

植物的空调作用对于人类改善环境十分重要。一株大树、一块绿地就是一台空调器。让我们多栽树，多栽种花草，共享植物空调器所提供的清凉优美的环境。

三、森林是天然的"净化器"

林木不仅能美化人们的生活环境，而且能吸收毒物，净化大气，是天然的"净化器"，树木可吸收二氧化硫、氟化氢、二氧化氮及氨等多种有害物质。虽然各种树木吸收毒物的能力不同，但绝大多数都具有这种净化作用。

所有的树木都可以吸收一定量的二氧化硫，被吸收的硫在树木体内不断转化为亚硫酸及亚硫酸盐，使树体内含硫量逐渐增高，最高时可达到正常含量的5～10倍。

树木为什么能吸收二氧化硫呢？原来，硫是树木体中氨基酸、蛋白质的组成成分，也是树木所需要的营养元素之一。只要大气中二氧化硫的浓度在一定限度内，也就是树木吸收二氧化硫的速度不超过将亚硫酸盐转化为硫酸盐的速度，树木就能不断地吸收大气中的二氧化硫。一公顷的柳杉，每年可吸收720千克的二氧化硫。

不同树种，吸收二氧化硫的能力不同。一般认为阔叶树要比针叶树吸收二氧化硫的能力强。在一般条件下，松树林每天可从1立方米空气中吸收20毫克二氧化硫，油松每平方米叶面积、每小时吸收28毫克二氧化硫。每公顷垂柳林在生长季节，每月可吸收10千克二氧化硫。

各种树木对空气中的氟化氢都有一定的吸收能力。大气中氟化氢含量较高，有些树木抗氟化氢污染的能力很强。据测定，每公顷银桦树能吸收118千克氟，滇杨吸收10千克，蓝桉吸收59千克，垂柳吸收3.9千克。实验表明，氟化氢气体通过40米宽的林地后，平均浓度降低47.9%，林地越宽效果越好。因此，在有氟化氢排放的工厂附近可栽植树林，有利于消除这一地区氟化氢的污染。

许多树木对二氧化氮气体的吸收能力较强，当二氧化氮气体和树木枝叶中的水分发生作用后，可生成亚硝酸和硝酸盐混合物而被利用。氨气也可同样被树木吸收利用。只要空气中二氧化氮含量不超过一定的浓度范围就不至于对树木造成危害，并能不断地被树木吸收。

树木对氯化物也有吸收作用。一般每公顷刺槐林能吸收42千克，银桦林可吸收35千克，蓝桉吸收32.5千克，其他树种也有吸氯能力。此外，树木还能吸收铅、汞、臭氧，以及空气中的醛、酮、醇、醚、安息香、吡啉等毒气。有些树木能够吸附一定数量的含有锌、铜、镉等重金属的气体。

一般常绿阔叶树种比落叶松类树种的抗污染性大，抗性随树种不同而有较大差异。因此，要把抗性强的树种配置在林带的迎风面，起到阻拦和分散污染气体的作用。在工厂区、污染严重的地区，应多栽植常绿阔叶树种。这对防止污染、净化空气很有好处。

四、植物是天然的"除尘器"

自然界中许多绿色植物具有十分明显的除尘作用，它们的存在使大气中粉尘的浓度大为降低，人们称之为天然的"除尘器"。

植物对粉尘有过滤和阻挡作用，可使大颗粒的粉尘就近快速沉降。由于植物分布在不同高度的地面上，以及树木、花草、农作物等高低参差不齐，枝叶茂密，能够减低风速，从而使大颗粒粉尘降落下来，不再随风向远处或高处扩散，起到部分除尘作用。

植物的茎叶表面粗糙不平且多绒毛，有些植物还能分泌油脂和浆液，对了空气中的飘尘或粒径更小的微粒起到滞留和吸附作用，它们可尽情地捕捉来访的各种粉尘，而且胃口很大，据研究，1公顷森林每年可吸尘68吨之多。

由于植物的蒸腾作用，植物周围的空气中水分较多而比别处潮湿，因此有利于粉尘的相互结合，然后借助于重力沉降于地面，从而起到除去空气中部分粉尘微粒的作用。

植物覆盖着地面，使风不能扬起尘土，会减少空气中尘埃的含量，从而起到了预防大气粉尘污染的作用。尤其草地更加显著，因此，城市加强绿地建设很有好处。

植物的除尘作用可通过自然力得到再生。落满灰尘的植物茎叶随风摆动，由于茎叶的水汽和浆液作用而黏结在一起的粉尘可随风借重力沉降于地面。茎叶上的灰尘也可由雨水淋洗而落到地面上，从而使植物又恢复滞尘能力，这样可持续不断地净化空气。

森林是植物的大本营，其除尘能力很强，当带有粉尘的气流通过森林或林带时，由于浓密的树冠和茂密的枝叶减低了风速，使空气中的大部分灰尘纷纷落下，空气中的含尘量大大减少。一场雨水之后，将叶片上的灰尘淋洗到地面，树叶又恢复滞尘能力，从而可不断地对空气进行除尘。

所有的森林树木都有吸尘的作用，但是吸尘的效率因树种、种植密度、树木年龄、高低以及季节不同而异。一般说来，阔叶树比针叶树吸尘能力强。如每公顷云杉林每年可吸尘32吨，松树林可吸尘36吨，山毛榉林可吸尘达68吨。榆树是众多植物中除尘能力较强的植物之一，它树干挺拔高大，树冠宽大，据测定，它的叶片滞尘量为12.27克/米^2，名列九种抗污能力较强植物之首。

在城市里，因工厂排放和道路交通扬起大量尘埃、油烟、炭粒和铅汞微粒等粉尘，它们进入人们的呼吸道，可引起气管炎、支气管炎、矽肺和结核等。城市中的树木可从空气中吸附大量的粉尘，使空气变得洁净。

为什么说鸟是人类的朋友

鸟类是大自然不可缺少的组成部分，是一种十分宝贵的生物资源。它们不仅将大自然点缀得分外美丽，使自然界更有生机，给人们的生活增添无限的情趣，而且还能产生生态效益和经济效益，在保护农田和森林、维持自然生态平衡中起突出的作用。

地球上有各种各样的鸟儿在空中飞翔，其中大多数是捕食害虫的能手，是人类的朋友。如楼燕、家燕、杜鹃、啄木鸟、椋鸟、山雀、黄鹂、卷尾、戴胜、伯劳等鸟类，都以虫为食，它们一天吃掉的昆虫，有的竟与自己的体重相当。一对燕子每年育雏两次，一个夏天可吃掉50万～100万只苍蝇、蚊子和蚜虫等，这些昆虫首尾排列起来，足有1千米长。黑卷尾鸟，一天能消灭600多只害虫，在育雏鸟期间，它一天往返五六百次，要噙回3000多只害虫。对于200亩庄稼地或千亩林地，只要有两三对黑卷尾鸟就能将害虫抑制住。就连人类认为不吉利的猫头鹰，一个夏天也可捕食1000只田鼠，这等于从鼠口夺回1000千克的粮食。

一只麻雀一天吞食的害虫几乎等于它自身的重量。美国波士顿城感谢麻雀为他们消灭了虫灾，专门修建了一座麻雀纪念碑。类似的益鸟捕杀害虫保护庄稼的事情也出现在美国盐湖城。据说，有一天蝗虫铺天盖地降临盐湖城，无情地吞噬着地里的庄稼、树叶、青草，人们不甘心辛勤培育的庄稼毁于一旦，纷纷晃动农具、挥舞树枝，竭尽全力地驱赶蝗虫，可是无济于事。这时，栖息在盐湖上的海鸥成群结队飞过来，它们是发现蝗虫后跟踪追击而来的。不久，海鸥风卷残云般地将蝗虫消灭得一干二净。盐湖城人民感激海鸥，立下任何人不得伤害海鸥的禁令，并在城里建造一座巍峨的海鸥纪念碑。

松毛虫浑身长满毒毛，是森林的大敌，在它们猖獗时，可以在很短的时间内将成片松林的针叶啃吃一光。但是，只要有一定数量的杜鹃、大山雀、画眉等益鸟，就可有效地控制松毛虫。尤其是杜鹃，把松毛虫视为美味佳肴，一只杜鹃平均每天要吃100多条松毛虫。啄木鸟（5～10）人称树木的"外科医生"，它专吃树干中的小蠹虫、天牛、木蠹蛾幼虫以及其他破坏木质部的害虫，一只黑啄木鸟，每天吃掉1900多只蠹虫的

△ 啄木鸟

幼虫。据调查，1000亩的森林内，有两对啄木鸟就可控制蛀干虫的发生。

鸟类不仅是"田园卫士"，它还是人类环境的"清洁工"或"卫生员"。一些鸟以动物腐肉、秽物为食，在保持环境卫生上起着良好作用。乌鸦和喜鹊都喜欢在污水坑或垃圾堆上活动，原来它们是在消灭疟蚊、虻和苍蝇。

鸟类是人类天然的朋友。鸟类的辛勤劳动保护了庄稼，保护了森林，保护了环境，它们的作用不可替代。大自然里如果缺少鸟类，害虫、害鼠等就会泛滥成灾，给人类和环境带来许多灾难，其后果不堪设想。因此，自然界不能没有鸟类，爱鸟护鸟人人有责。

可是，我们只要稍稍留心就会发现，以前在我们身边的鸟类，现在不知不觉地越来越少，甚至有些消失了。目前，在全球范围内，鸟儿正在不断减少，这已成为全世界环境保护中的一个重大问题。

鸟类曾经有过十分兴盛的年代。在距今6000万～7000万年的新生代，地球上生存有大约160万种鸟类。后来，由于地壳变化和冰川活动，大部分鸟类已经灭绝。到了近代，人类活动更是大大加速了鸟类绝灭的速度。据研究，在人类诞生以前的几千万年里，平均每300年才有一种鸟绝灭；人类诞生以后的近100万年来，一种鸟的绝灭时间只有50年，而在最近300年间，每2年就有一种鸟消失。据统计，从16世纪以来，已有139种鸟永久地从地球上消失了。19世纪初叶，美洲旅鸽曾一度是地球上数量最多的一种鸟，其数量多达50亿只，可是

△ 美洲旅鸽

由于19世纪40年代开始的大规模捕杀旅鸽的商业活动，使之遭受灭顶之灾，仅仅几十年时间，这种具有很高经济价值的鸟类就再也见不到了。1900年3月，野生旅鸽已绝迹；1914年9月1日，最后一只人工饲养的旅鸽也死于美国辛辛那提动物园。曾经广泛栖息于北太平洋各岛屿上的大海雀，在人们持续狩猎达300年后，也终于在1844年绝灭，留给人们的只有70只大海雀标本。

那么，是什么原因使鸟类在不断减少呢？世界上总有一些人喜欢打鸟捕鸟，有些人是为了好玩儿，却不知道自己是在犯罪。当然更多的人是为了牟取暴利。据报道，美国每年通过非法手续进口的鸟类，价值超过35亿美元之上。一只灰鹦鹉的卖价近1000美元，这正是那些偷猎者和贩卖者冒险犯罪的吸引力所存

环境的污染使鸟类难以生存。且不说城市污浊的空气、喧嚣的噪声使鸟儿无法忍受，就是在一些乡村，环境的污染也给鸟类生存带来威胁。

森林、沼泽、滩涂等鸟类栖息地的破坏，使许多鸟儿无家可归，是鸟类减少的最主要的原因。

现在，全世界大约有鸟类8600种。由于鸟类栖息地的破坏、人类的捕杀和环境污染，使许多鸟类数量减少，约有312种鸟的数量已少于2000只。有些鸟类数量已很少。据报道，美洲叫鹤只有70只，加利福尼亚兀鹫约有40只，毛里求斯茶隼只有24只，新西兰的知更鸟则剩下不足10只了。因此，保护鸟类势在必行。

鸟儿是轻盈的精灵，是大自然中活泼可爱的生命，是保护人类环境的功臣，也是人类亲密的朋友。让我们都来爱鸟护鸟，让更多的鸟儿在蓝天白云中自由飞翔。

海鸟为何飞不起来了

蔚蓝的大海，湛蓝的天空，雪白的云朵间，矫健的海鸥展翅掠过，这就是我们心目中的海边景色。然而，由于海洋遭到污染，海水不再蔚蓝，海鸥也飞不起来了。

2002年11月19日，一艘载有7.7万吨重质燃油的油轮在大西洋断裂成两半，并相继沉入大海，对250千米以外的西班牙加利西亚省的海岸造成严重的生态威胁。生态学家称这可能是世界上最严重的漏油事件之一。

这艘叫做"威望号"的巴拿马籍油轮在断裂时泄漏出了大量的燃料油，加上原来泄出的燃油，已经对加利西亚海岸的生态环境构成严重威胁，严重破坏了该地区丰富的珊瑚、海绵与鱼类资源。海面一派萧条凄凉的景象，漂浮着因羽毛粘黏飞不起来而活活饿死的海鸟尸体和那包裹着石油的无数死鱼。

"威望号"造成的海洋污染只是人类活动污染海洋的一种情形，其他会引起海洋严重污染的人类活动还有：将有毒、有害工业废料或核废料向海洋倾倒；把大量的工业污水和生活污水直接排入海洋；把海洋作为垃圾倾倒场。

海洋污染会破坏海洋生态、危害人类健康和造成地球气候反常。例如：海洋污染会使海产大大减少，危及人类的食物来源，而且海洋食品会聚积毒素，人食用后得病；海洋污染会伤害海洋生物，使它们发生畸变、不育以至种群灭绝，由此破坏整个海洋生态；海洋污染还会毒死海洋中大量的浮游生物，使海洋吸收二氧化碳的功能减弱，从而加速了地球上温室效应的发展。

藏野驴的命运如何

在我国青藏高原海拔3600～5400米的宽谷、盆地和山地中，常能见到五六头或十多头一群的藏野驴。藏野驴是一种典型的高原动物，对严寒、日晒和风雪均具有极强的耐受能力。在七八月份的繁殖季节，还能见到成百上千头组成的大群的藏野驴，其场面颇为壮观。

藏野驴的尾巴像马尾，自肩部至尾巴的基部有一条宽而明显的黑褐色纵线条，因此被当地牧民称为"镶有黑边的'野马'"。

过去，藏野驴的数量非常多，在荒漠和草原上常能见到数百头以上的驴群。可是，由于过度捕猎，特别是随着农田、牧场、油田和矿山的大量开发，它们的栖息地迅速缩小，目前数量已大为减少。

所幸的是，藏野驴已被国家列为一级保护动物，严禁捕猎，并建立了可可西里、阿尔金山等自然保护区，从而得到了较好的保护。

△ 藏野驴

丹顶鹤的数量为什么会减少

世界上现有鹤类15种，我国有8种。通常被称为"仙鹤"的丹顶鹤，体长可达1.4米，是鹤类中体形最大的一种。丹顶鹤体羽以白色为主，喉、颊和颈部为暗褐色，尾羽白短，常被两翼的黑色飞羽所覆盖。头顶皮肤裸露，具有鲜红色的肉冠。

△ 丹顶鹤

丹顶鹤曾广泛分布在东亚地区，而到1993年年底，只剩下1200只左右。丹顶鹤的数量为什么会减少呢？

作为候鸟，春季从越冬区迁徙到人迹罕至的湿地进行繁殖，如我国黑龙江省的三江平原。可是，由于围垦，湿地上芦苇被割掉了，丹顶鹤到达后无处可以产卵。由此看来，湿地面积缩小是丹顶鹤数量减少的主要原因。值得庆幸的是，丹顶鹤已被我国列为国家一级保护动物，并在世界上最大的丹顶鹤越冬区——我国江苏省的盐城建立了珍禽自然保护区。每年10月底至11月初，丹顶鹤飞到江苏盐城滩涂越冬，次年2月底至3月初飞回东北度夏，丹顶鹤得到了有效保护。

蓝鲸的命运如何

蓝鲸是目前体型最大的一种哺乳动物，体长24～34米，体重为150～200吨。蓝鲸分布在各大洋中，南极附近的海洋中数量较多，热带水域较为少见。我国的黄海、东海、南海，包括台湾南部及西南部水域都可发现蓝鲸出没。

1932年以来，尽管国际上对每年捕杀蓝鲸的数量作了限制，但是，一些国家仍在竞相捕杀。所以，这种世界上最大的动物的命运仍令人担忧。据统计，20世纪50年代前后，世界上的蓝鲸约有30万头之多，1974年还尚存25000头，而现在仅剩下2000头了。近30年，每年减少700～800头蓝鲸，而且体长在25米以上的蓝鲸已经很难见到了。

△ 蓝鲸

伊比利亚山猫的命运如何

伊比利亚山猫是一种较大的猫科动物，体长可达1米，重13千克。它们生活在葡萄牙南部和西班牙西南部的灌木丛中，与欧洲一些著名的旅游胜地相距不远。

20世纪初，伊比利亚山猫的数量还有10万只，而现在野生的山猫只剩下100只～120只。

△ 伊比利亚山猫

专家警告说，它目前正面临灭绝的危险，而且很可能成为史前时代以来第一种灭绝的大型猫科动物。因此，在世界环保组织公布的有关濒危野生动物的名单中，伊比利亚山猫被排在第一位。

伊比利亚山猫数量为什么会锐减呢？除了人为的捕杀外，主要的原因是由于山猫活动区内的野兔因疾病而大量死亡，而野兔正是山猫的主要猎物，缺少了食物来源，从而间接造成了山猫数量锐减。

渡渡鸟灭绝之谜

位于印度洋上的毛里求斯岛，气候温和，森林茂密，是许多珍稀动物的乐园。渡渡鸟和大颅榄树曾是岛上两种特有的生物。

16世纪初，因渡渡鸟肉肥味美，而遭到欧洲殖民者的大肆捕杀。到1681年，最后一只渡渡鸟在地球上消失了。令人费解的是，渡渡鸟灭绝后，高大挺拔的大颅榄树也从此一蹶不振，日渐稀少。到20世纪70年代，毛里求斯全岛仅存13棵大颅榄树了。

△ 渡渡鸟

1981年，美国生物学家坦普尔来到毛里求斯岛，发现存活下来的大颅榄树的树龄都在300年以上，他由此推断，大颅榄树的繁衍与渡渡鸟有着密切的关系。于是，他引入了一种与渡渡鸟有着亲缘关系的吐绶鸡，并让吐绶鸡吃下了大颅榄树的果实，然后在吐绶鸡的粪便中找到大颅榄树的种子，发现种子外面的硬壳已被消化掉了一层。这些经"处理"过的种子栽下后，不久就能长出了嫩绿的幼苗，珍贵的树种由此获得了新生。

大自然原本维持着巧妙的生态平衡，正如渡渡鸟与大颅榄树之间相依为命、共生共荣的关系。这也给我们这样的启示：要避免渡渡鸟悲剧的重演，就应该保护好人类赖以生存的生态环境，而保护物种则是其中的一个重要方面。

大熊猫会灭绝吗

世界上有十分之一的大熊猫是生活在动物园里的。人们梦想着在人工饲养环境中大量繁殖大熊猫，然后把它们放生野外。然而，一只大熊猫一年仅有不到一周的发情期，有50%的雌性大熊猫不育，70%的雄性大熊猫没有交配的欲望。在人工饲养的条件下，大熊猫真的能够保持种族的延续吗，大熊猫究竟能不能在地球上生存下去？

北京大学大熊猫与野生动物保护研究中心主任潘文石教授意识到，只有观察野外环境中的大熊猫，才能得到这一物种生存繁衍前景的真正答案。

1984年夏季的一天，在中国腹地秦岭山区，几间废弃的伐木工棚中重新冒起了炊烟。潘文石教授带着一个研究小组住了进去，并以此作为研究基地，一待就是13年。

据说，在工棚附近的密林中，有人曾看到有大熊猫出没。找到大熊猫并给它们戴上无线电跟踪颈圈，这是研究野生大熊猫能否继续生存的第一步。

终于，在悬崖边的一棵树上，一只雌性大熊猫现形了。通过它，人们或许能够找到野生大熊猫繁衍生存的秘密。

大熊猫这一现代濒临灭绝的物种，大约在70万年前，却遍布于中国的南方。它们的数量曾空前的繁盛，甚至一度由南向北跋山涉水，延伸到今天的陕西蓝田和北京周口店一带，中国的很多地方都曾经有大熊猫。

那么，是什么因素使得它们现在的数量越来越少了呢？

在漫长的岁月中，地球几度变得极为寒冷。有专家认为，冰川运动曾经覆盖中国的大部分地区。为此，动植物的栖息地大为减少，许多物种遭到灭顶之灾。而东西走向的秦岭阻挡了北方的寒流，东南暖湿气流使得秦岭南坡得天独厚，为一些史前物种提供了藏身之地，秦岭大熊猫也是幸存者，尽管现在它们的数量已经寥寥无几。是什么原因使和大熊猫相伴而生的大型哺乳

△ 大熊猫

动物相继灭绝，而大熊猫却顽强地生存下来了呢？远古时期，一些大型哺乳类动物相继灭绝的致命原因就是食物来源短缺，大熊猫是怎样渡过食物危机的呢？

原来，那时候的大熊猫也是以肉食为主的杂食动物，在肉食短缺、面临灭绝之时，它不得不选择并逐渐适应了一种四季常青的植物：竹子。

虽然竹子的营养成分极其有限，但对大熊猫来说已经是不幸中的万幸。在中国，竹子的分布范围相当广泛，大熊猫有着丰富的食物来源，它可以不断地进食以维持生命。

然而，竹子四季常青，却也有开花枯死的时候。如果竹林大面积枯死，它的恢复需要30年。在此期间，大熊猫的食物来源就成了问题。熊猫会不会因为食物问题而退出地球的生物圈呢？

为此，研究小组走遍秦岭南坡各个角落，他们发现熊猫生活的地方都生长着两种以上的竹子，一种竹子开花，熊猫可以取食另外一种，即使是同一种竹子，由于秦岭小气候的原因，也不会同时开花。因此，竹子开花不会使大熊猫灭绝。这样一来，研究小组关注的焦点便更多地集中到了大熊猫的繁殖能力上。

几年过去了，潘文石他们发现了熊猫的繁殖率，而且发现了熊猫的增长率每年达4.1%。北京的人口增长率实际上每年只有2%左右。世界上人口增长最快的是非洲的卢旺达，它的人口增长达到每年3%。熊猫的自然增长率比人口增长最快的卢旺达要高出1.1个百分点，所以熊猫在自然界里繁殖绵延没有问题这一研究结果充分证明，野生大熊猫不会灭绝。

大熊猫能闯过万年冰期存活到今天，而且依然保持着遗传的多样性，它的生命力的确很顽强。

那么，为什么它们的数量还是如此之少，支配它们的命运之手到底是什么呢?

研究小组走遍秦岭南坡，看到许多森林被砍伐，秦岭大熊猫70%的栖息地被侵占。如果森林面积继续减少，大熊猫的食物和栖息地就会消失殆尽。很难想象一旦失去栖息地，大熊猫怎么能不灭绝。原来，对大熊猫继续生存的真正威胁，恰恰来自于把它视为珍宝的人类自己。

研究小组终于有了答案：大熊猫这一珍稀的古老物种不会自行灭绝，它能否存活下去，取决于人类能否还给它们应有的生存空间。只要保护好大熊猫的生活环境，我们珍奇的"国宝"就一定能够一直繁衍生存下去。

老虎会绝种吗

我国本是一个多虎的国家，从历史上看，我国曾分布着4个亚种，即：西伯利亚虎（东北虎），华南虎（中国虎），南亚虎和新疆虎。

西伯利亚虎（东北虎）指所有产于中国、前苏联和朝鲜北部的虎。东北虎在我国分布于吉林、黑龙江两省。

华南虎（中国虎）则在我国秦岭以南的许多省份广泛分布，数量也最多，但是20世纪80年代曾在广东省进行过一次为期两年的普查，调查结果仅残存6只。1990年，林业部和世界生物基金会共同组织专家，在我国湖南、江西、广东、福建被认为是华南虎现状较好的四个省份进行了实地考察，调查结果仅有广东、福建确认仍有华南虎残存，数量不到20只。

南亚虎在我国的具体分布以及种群数量未能查找到文献纪录，至今也未进行过任何规模的专项考察。

新疆虎原来分布在我国新疆南部塔里木盆地的沼泽草丛，现已灭绝。

综上所述，不难看出，目前残存于我国的三个亚种，都处在岌岌可危，濒临灭绝的境地，形势非常严重。一个多虎的国家，仅在短短半个世纪里，就变成一个缺虎的国家，要不了很长的时间，变成一个悲剧，也是人类的重大损失。虎栖息环境的破坏和缩小，种群数量的急剧减少，甚至灭绝。这仅仅是反映在虎这一个物种方面的表面现象，就宏观生态系统剖析，这一现象反映的内涵远比虎物种趋于灭绝更为复杂，更为严重。

北京林业大学的胡德夫教授认为，早在200万年前就生活在我国的华南虎（中国虎），乃是自然界中所有老虎的始祖。著名画家赵大年认为，在中国传统文化中，老虎象征着力量和美好。然而这种具有民族精神浸染，在"青龙、白虎、朱雀、玄武"四大图腾中，唯一作为具象受到过崇拜的动物，也几乎快和前三者一样，变成生物学和民俗学上的一个符号了。湖南师范大学教授、脊椎动物学研究专家邓学建也指出，19世纪初，全世界的野生老虎仍有十万多只。100年后的今天，全世界只剩下大约6000只的野生虎。老虎公认的8个亚种已经灭绝了3个，而作为唯

△ 新疆虎

一仅存于我国的老虎亚种华南虎，已成为世界上比熊猫更濒危的动物。

2004年8月24日，世界上第一只大熊猫的发现地，四川省宝兴县计划投资1.8亿元建设宝兴夹金山大熊猫生态旅游区。这个规划总面积累计达1200平方千米的保护区，将成为我国特大型大熊猫生态景区。熊猫由于20世纪初被外国人首次发现并公诸于世界，一时间曾引起世界轰动，并被世界动物保护基金会（WWF）作为标志而闻名于世。相比之下，生活在中国境内的老虎，这种远比熊猫濒危的动物的命运，却远较熊猫不幸得多。

据湖南师范大学教授、脊椎动物学研究专家邓学建认为，野生老虎在我国的情况可以用"岌岌可危"来形容。而具体数量，也没有一个确切的记录，据邓学建估算，野生虎在我国的数量目前大概仅有110只左右。"大熊猫在野外的数量大概也有1000只，这样看来野生虎比大熊猫还珍贵"。曾有国外研究人员估算中国存活的野生华南虎目前大约有20～30只。

2003年，湖南省首次进行的野生动物资源调查表明，国际上普遍认为已经灭绝的野生华南虎在湖南省仅存6只左右。其分布情况大致为：湘西北石门县壶瓶山两只、桃源县一到两只、湘南宜章县两只、桂东县一只，基本上处于相互隔绝的状态。近3000名专家历时5年完成的这次调查，依然没有发现野生华南虎的活体。而在历史上，湖南省在近几百年间，曾经是华南虎聚居最

多的几个省份之一。

　　同样，曾经被认为情况稍微乐观的野生东北虎在我国的现状同样岌岌可危。由于东北虎（也被称为西伯利亚虎）同时还生活在俄罗斯、朝鲜等远东地区，野生东北虎的数量据统计尚有数百只。我国的野生东北虎数量据说有30～50只，但在我国东北地区，确切拍摄到的野生东北虎，现在仅有两只。

　　140年前，一位俄罗斯自然学家记述了当时他受沙皇俄国派遣，为沙皇俄国侵略扩张服务而专程考察黑龙江沿线的情况。在足迹踏遍三江流域及大、小兴安岭和长白山地区回国后，他写下了《黑龙江旅行记》一书。从该书文字记载不难看出，当时的野生东北虎遍布整个中国东北林区。仅仅过了100多年，1998年中、俄、美三国专家在吉林省延边自治州进行的调查表明，在1997年至1998年冬季，少则4只，多则只有6只野生东北虎出现在吉林省。同时发现的还有4～7只最稀有的大型猫科动物之一——远东豹的痕迹。而根据国际野生生物保护学会项目协调员于孝臣数年前在黑龙江省对东北虎和豹的调查显示，东北虎在黑龙江省的分布较20世纪90年代初又有了明显的向中、俄边境地带退缩现象。目前，东北虎在黑龙江省的分布已退缩成老爷岭南部、老爷岭北部、完达山东部和张广才岭南部4个孤立分布区；黑龙江省境内现存东北虎5～7只，且多为孤立游荡个体。东北虎和豹在中国黑龙江省已处于灭绝边缘。

　　如此稀少的野生虎豹，除了人类的过度捕杀，专家认为妨碍其种群数量增长的主要原因是猎物种群的密度太低。在中外专家的全部调查过程中，连野生马鹿、梅花鹿和狍子这样的动物都极为罕见。2004年年初，吉林珲春自然保护区管理局野外监测工作人员通过国际野生生物保护学会捐赠的远红外线照相机，成功地拍摄到了我国第二张野生东北虎照片，这只老虎由于袭击了农民的马匹而被发现。

　　人类古代曾经受到过所谓"虎患"的伤害。但是通过对历史的研究，这实在是一个天大的曲解。史料记载中国古代"虎患"较为严重的明清东南地区，老虎造成的伤亡每年数百人，远远无法与其他自然灾害相比。事实上，中国上古时期，从未有历史记载老虎对人类的威胁，相反人们甚至将虎视为农业生产的保护神，因为老虎能够吃掉危害农业的野猪。是由于宋代以后，尤其是明清人口大量的增加和大规模垦山，迫使失去栖息地的老虎不得不与人类争夺生存空间。老虎生存状况的变化也影响着历史，由于华南虎在唐宋时期退出平原地区，以后出现的"调虎离山"、"纵虎归山"、"坐山观虎斗"等成语，让后人都将老虎误认为是山地物种。

其实，虎是猫科动物中分布最广的一种，而我国幅员辽阔，曾经有过非常广阔的野生虎栖息地。但现在野生虎分布区已经缩小为互相隔绝的一块一块。

作为中国独有的老虎亚种，华南虎曾经广泛分布于东起浙闽边境，西至青川边境，北抵秦岭黄河一线，南达粤桂南陲的广大地区，后来由于人类对其活动范围的入侵和捕杀，才逐渐萎缩到华南诸省。

野生虎栖息区的被破坏与减少，是野生虎数量减少的一个重要原因。野生虎栖息地的丧失严重威胁了野生虎的生存，而其他一些人为对野生虎栖息区的破坏，又加剧了野生虎数量的锐减，它们是互为因果的关系。野生虎需要一个很大的活动范围，但现在它的地盘很多都被人类占领，野生虎栖息需要大量食物，虎主要以大中型食草性动物和杂食性动物为食，但现在这类动物大多被人类圈养或捕杀，造成野生虎食物的匮乏。这两个原因导致野生虎的栖息区越来越少，可以说"野生虎已经无处咆哮"所以，亟须人类的保护。

如何保护野生动物

一、不骚扰野生动物的生活

任何地方，只要环境适宜都会有动物光顾。十几年前，北京玉渊潭飞来一对天鹅。美丽的大鸟是被这美妙的环境吸引，才从高空降落到粼粼碧波之上的。但正当它们优雅地游弋，水面上划出两道涟漪之时，突然一声枪响打破了这诗画般的意境，雪白的羽毛上殷殷鲜血——一个贪婪的偷猎者打死了这对夫妻中的雄性，雌天鹅仰天长啸，哀鸣而去。一个圆满祥和的天鹅之家从此破镜难圆。

由于人类大规模的猎杀，自然界中的野生动物已经越来越少，野生动物的生境已经被破坏殆尽，人类成了所有野生动物共同的天敌。因此，我们在动物眼中的形象有些恐怖。

动物有腿能跑，有翅能飞，生性活泼，可我们许多人往往贪婪、野蛮，见到自由的动物就想将其抓起来，甚至吃掉，表现出强烈的占有欲。我们应给生而自由的动物以自己的空间，善待动物就是善待我们自己。

二、文明参观动物园

被人们关养的动物由于身陷囹圄，失去原生环境，往往很不幸福，多患抑郁症或神经质。我们在参观动物园、饲养区或保护基地时，应怀怜惜之心，不宜大呼小叫，不宜以过分的和突然的动作或以恶作剧恫吓动物。

一些人往往一看到动物休息就不悦，只希望动物随时给自己展现身姿、表演动作，不顾动物是否疲倦。有人以为喂喂动物表示一下爱心，但是，随便投喂只会给动物带来伤害。人工饲养的动物往往运动量小，进食过多或摄入高脂肪、高糖度的食物会使其身体发胖，从而影响体质和营养均衡，甚至影响正常繁殖。随意投喂，还容易传染疾病。

因而，在动物园里接近动物时，要文明观赏或拍照，让人与动物相互都留下美好的印象。

三、保护青蛙

田鸡即青蛙，常被见利忘义之徒从水田中捕捉后到市场出卖，使之成为一些人的下酒菜。

蛙类是益农动物，一只青蛙一个夏天可消灭害虫上万只。中国有一句农谚："蛙满塘，谷满仓。"

另外，吃田鸡有碍身体健康。蛙肉中常常寄生一种曼氏裂头绦虫，其幼虫可随着人们食用蛙肉而进入人体的软组织和内脏，3周后便能发育成1米左右的成虫，使寄主腹痛、呕吐，软组织发炎、溶解、坏死，严重的还能导致瘫痪或失明。

另外，由于农田中施用了大量农药，毒素在昆虫体内聚集，蛙吃虫后，又进一步将其富于蛙体。据卫生部门测定，蛙肉内的有机磷含量是猪肉的31倍，农药残存物毒性大大超过猪肉，以致近年频频出现畸形蛙。

因此，不论从保护动物、农业生态，还是从身体健康方面看，食用青蛙都是错误的。

四、观鸟不关鸟

鸟，或羽色艳丽，或鸣声悦耳，或身姿婀娜，或娇态宜人，受到人们的普遍喜爱。

以笼养的方式来"爱鸟"是非常不好的习惯。据说，英国皇家爱鸟协会数十万人都是清一色的观鸟者，而北京有个爱鸟养鸟协会却是由众多养鸟者组成。笼养野鸟，满足了个人的占有欲，却剥夺了鸟儿的自由，违背了生态道德，更导致自然界生态链的断裂。

因为大多数鸟类是食虫的（约60%），鸟被人们捕杀后，昆虫就会因失去天敌而泛滥成害。为抑制虫灾，人们便要投洒各种浓度越来越高、毒性越来越大的农药。这不仅荼毒了自然界中的生灵，而且残留于水及食物中的农药还导致人类恶性肿瘤等疾病的蔓延。

由于有笼养鸟的市场存在，便有捕鸟售鸟的过程，绝大部分鸟在这一过程中都难逃一死。古人早有"始知锁向金笼听，不及林间自在啼"的爱鸟忠告。所以，若真爱鸟，就该文明观鸟，切勿关鸟。

五、不捡拾野禽蛋

某少年宫组织学生搞动物保护夏令营，其中一项活动竟然是收集野鸭蛋。当有人去制止时，组织者解释说：捡完都要收归公有。捡拾野鸭蛋无论归谁，结果不都是母鸭失去后代吗？

母鸟需将鸟蛋孵化很长时间才能迎来雏鸟破壳而出的日子，如果人类无情地将它的蛋捡走，不就等于夺走人家的孩子吗？这些蛋无论归学生个人做纪念，还是上交集体归公，都同样给母鸟带来了丧子之痛。

野生禽鸟在生育孵卵时是最缺乏保护的，而它的后代更是脆弱。所以人为地去掐断禽鸟自然繁衍生息的重要一环，是极不道德的行为。

六、拒食野生动物

蓝孔雀，尾屏华丽，姿仪典雅，因颈部色泽特别而独占一色——孔雀蓝。蓝孔雀在印度等国被奉为仙鸟，神圣不可侵犯，可在我国却成为餐厅中的一道菜。有的人还将孔雀放在餐馆前用以招揽顾客，全无怜惜、羞愧之心。

对美丽的孔雀尚且大吃大嚼，对蛇之类面貌"可憎"之物更是格杀勿论。中国每年被食之蛇不下6000吨，吃蛇风横行导致鼠类失控，全国城乡至少有鼠30亿只，每年因此损失粮食150亿千克，相当于全国人口粮食食用量的总和。生态的失衡进一步导致粮食的减产。

吃野味者自古就被称为饕餮之徒，一些人还不以为耻，反以为荣，将其当做权势、财富、身份的象征，什么猴脑、熊掌、鹿鞭、娃娃鱼、穿山甲……无所不吃，既违法又有失人格风范。一切文明之士都应拒食野味。

七、不穿野兽毛皮制作的服装

有人说，每张野兽毛皮背后都可能是一桩谋杀案。这话听似恐怖，但仔细琢磨，绝不过分。因为每只野兽只有一张皮，一些人追逐所谓的时尚，对野生生命却冷漠无情。

有这样一个故事：一个女孩的母亲买了件狐皮大衣，却引起女儿伤心的联想，因为书上说，母狐每产约5～8只幼狐。她便作了一幅画，画上有一群可怜巴巴的小狐狸张着大嘴向女孩哭诉：你妈妈为了穿裘皮大衣，把我们的妈妈杀了！后来，这幅画被选入国际儿童环保绘画比赛，组委会特为它印制了海报。海报上有一行醒目的大字：你的妈妈穿了一件裘皮大衣，100多只小野兽却失去了妈妈！

可想而知，穿野生动物毛皮制作的服装，其背后是多么悲惨的情境。目前，全球很多文明国家都开始抵制兽皮服装，这是人类生态道德意识觉醒的表现。

八、少在江河湖泊钓鱼

江河湖泊等自然水域是鱼虾栖身之地，又是水鸟觅食之所，特别是作为水际交汇之处的"湿地"更是自然界生物多样性极其丰富的场所。作为地球食物链的一个个环节，鸟吃鱼、鱼吃草……物种之间有着自身的能量流动、信息传递、物质循环。

过去人口稀少，以鱼为生是正常的，但现在人口暴涨，如果再向江河投下天罗地网，则会轻易地将自然界的鱼虾捕绝钓光，而且人们许多时候钓鱼并非生计所需，而是仅为娱乐，为此请喜钓者去养鱼池，那里有人工培育的鱼专供垂钓，不会耗竭，也不致影响自然水域的生态平衡。江河是水鸟，特别是一些鹤、鹬、鹭等大型涉禽赖以为生的区域，人类的垂钓结果可能使水鸟们无食可觅，并进而割断水生食物链。

九、不进入自然保护核心区

目前中国有各类自然保护区1000多个，与全球其他国家的自然保护区一样，其功能区域分为实验区、缓冲区和核心区。核心区是保护的核心地带，是各种原生性生态系统保存最完好的地方，是动植物最后的庇护所。因此，这个区域严禁任何采伐、狩猎和游览活动，以保持其生物的多样性尽量不受人为干扰。

实际上，核心区起着物种的遗传基因库的作用。现在，许多自然保护区向公众开放，或开展了生态旅游，那神秘的面纱正在轻轻地撩开，但任何开放活动都必须在核心区之外进行，以突出保护为主的宗旨。核心区不仅是动物保护之地、水源涵养之地，还是动物们最后无处可退的家。如果这个家再遭践踏，其中的动植物就会陷入绝境。

近两年，由于不当的旅游活动，使我国22%的自然保护区遭到生境破坏的压力。人类的生存有赖于动植物生命的延续，所以，请怀着敬畏之心参观保护区，切莫闯入保护核心区。

十、不购买野生动物制品

也许我们不曾亲手屠杀过动物，但如果购买了野生动物制品，我们依然变成了间接屠杀者。许多野生动物遭到人们的商业性开发，由于被认为"皮可穿、羽可用、肉可食、器官可入药……"便被肆意捕杀，导致灭绝。如北美野牛、旅鸽等。据统计，全球野生动物年非法贸易额达100亿美元，与贩毒、军火并称为三大罪恶。

海狗因为人类进补之需而血溅北极，藏羚羊因西方贵妇人戴"沙图什"披肩的炫耀而暴尸高原。为向日韩出口熊胆粉，近万头熊被囚入死牢，割开腹部抽取胆汁；为取犀角使犀牛遭受"灭顶之灾"；为穿裘皮，虎豹都犯了"美丽错误"……为养宠物、为表演取乐、为医药实验……无数生灵都被列为"合理开发利用"的对象。

全球每年非法贸易灵长类5万只、象牙14万根，爬行动物皮1000刀张、哺乳动物皮1500万张，热带鱼类3.5亿尾……

对地球生态平衡起至关重要作用的野生动物都成了人们待价而沽、肆意开发的商品。可见，购买野生动物制品无异于鼓励谋财害命。

十一、不乱采摘、食用野菜

近年来，野菜也成了餐桌上的佳肴，深受城里人的喜爱，不但在集市上购买，还亲自到公园及郊外的绿地去采集。大部分人认为这是绝对的"绿色食品"，其实不然。

我们知道，绿色植物对于大气具有净化作用，不但吸附空气中的尘埃颗粒和固体浮物，而且对空气和土壤中的有害气体和化学成分具有过滤和富集作用。测验表明，工厂附近草本植物中硫元素的含量是空气中的几倍甚至十几倍，许多重金属元素的含量也是如此。现在，大部分城市污染严重，很少能找到纯净的野菜。我们食用了这些污染的野菜，对身体危害很大，严重的还会引起食物中毒，生长在城市人口密集地区、工厂和居民区附近以及受污染的河流、水体附近的野菜更不能食用。

除此之外，挖野菜时将植物连根掘起，再加上人们的践踏，不但植物第二年不能生长，对植被也产生了破坏。所以，我们不应该盲目追求"时髦"，也不要只图个人口腹之快而无视自然环境的脆弱，不要乱采摘、食用野菜，避免环境和自己的身体造成伤害。

十二、认识国家重点保护动植物

我国是北半球生物多样性最为丰富的国家。由于人口持续增加和工农业生产的

△ 非洲野生动物保护区

发展等多种原因，导致野生动植物资源遭到严重破坏，一些野生动植物因生境恶化、数量锐减而濒临灭绝的境地。

为保护生态平衡，我国先后公布了珍稀濒危保护动植物名录（即《国家重点保护动植物名录》），并颁布实施了野生动物保护法和珍稀濒危植物保护条例等法规，使我国野生动物保护事业走上了法制化、规范化的轨道。我国现有的国家重点保护动植物名录中含一级保护动物91种，二级保护动物162种；一级保护植物51种，二级保护植物203种……这些动植物分布在我国各地，每个人居住地的附近就可能找到一些。不妨试一试，找找看，并了解它们。

十三、不盲目制作动植物标本

标本采集制作是从欧洲文艺复兴时期兴盛起来的一种认识生物、鉴别物种的手段，在生物学的研究、教学中有重要作用。但是，近年许多学生在野外实习时随意大量捕鸟、扣蝶、拔草、采花……对研究对象构成了严重的破坏。

如今，自然平衡已相当脆弱，大自然成了需要人类保护的对象，再随意采集标本，自然界已经难以承受。要知道，标本制作仅是认识自然的一种手段，而非目的。既然来到野外，就应当就地识别或拍照，看标本远不如看活体效果好。

另外，一些商人以赚钱为目的，希望每个学生都建标本室，以做其标本生意。把活的弄成死的，使无价之宝变成有价之货，这对野生动物又是一种灾难。一些大博物馆、动物园有制作现成的标本栩栩如生，应鼓励大家尽可能到这些地方去观摩，而不鼓励自己去采集、制作和购买标本。

十四、不把野生动物当宠物饲养

野生动物是野生的、自由自在之物，属于大自然而非樊笼圈舍。有人以喜爱动物为由把它们抓起来或买回家关养起来。试想，这种"喜爱"是不是太残忍了，难道我们喜欢谁就得把谁拴锁入牢笼吗？

人们常误认为野生动物缺吃少喝，风餐露宿很不幸。其实，这正是其自然性的要求，大自然的风刀霜剑对动物是天性之需，而人为地侵入其领地、破坏其生态、捕杀其个体、割断其交流、污染其饮食才会对其构成最大的威胁。

人类一方面去破坏动物的自然生存环境，一方面又以宠爱之名去捕养之，喂其以自己认为有营养但动物们并不需要或不爱吃的东西，将其囚禁于狭窄、肮脏之所，以致造成许多动物"不自由毋宁死"的悲剧。

把野生动物当宠物来养是人类对自然占有欲、征服欲的表现，让我们记住这句名言吧："我们不能支配自然，只能顺应她。"

十五、不残害虐待动物

野外考察中，我们常能见到一些设在山林中的钢丝猎套等，有的动物因被套久而死于非命，每见此状，我们都应拆毁这些套子。

古人讲：君子有好生之德。捕杀野生动物既是谋财害命，又是对生态平衡的破坏。每年春秋候鸟迁飞之季，总有见利忘义者布设粘网翻笼诱捕，然后大批地贩往鸟市或餐馆，牟取暴利。

曾有媒介披露一些地方开设射杀动物的血腥娱乐活动，拿动物的痛苦取乐，从动物的哀鸣、挣扎、抽搐、流血中寻求刺激。有人说这叫兽性大发，其实这种超出生存所需的嗜好是所有野兽所望尘莫及的，是人类行为的变态。我们对自然生灵的态度常常是征服、利用、满足口腹之欲，但这种可有可无的口腹之欲终将影响到人类最基本的口腹之需。

自然界的一切动植物都各有其存在的价值和意义。鸟以虫以食，鸟少了，虫就会泛滥成灾，为害植物，使农作物减产。穿山甲被人大量捕杀后，白蚁失控，对森林、住宅、家具、堤坝等无孔不入，祸害无穷，这完全是人类自食苦果。本来一只穿山甲可控制250亩林地，使其免受蚁害，人类却视其为美味，残忍地将之剥鳞、肢解、吞食。

人类在自然界中属于动物类，只是由于智力的进化，其社会属性高度发达，才是自己的地位高于一般动物。如果人类恃宠而骄，为所欲为，欲壑难填，肆意对大自然其他生命生杀予夺，那么自然对人类的报复也就会接踵而至。

人类的发展史也是驯化、利用动物的历史。动物为我们提供饱暖之需、精神安慰和身心享受，可以说，动物满足着人类的生活。对此，我们应怀虔敬之心、感恩之情对动物。确实必要时可以利用，但不可虐待、折磨、欺辱动物。

对异类的态度实际是现代人类生存状态的真实写照。古代东方文化追求"天人合一、仁爱及物、慈悲为怀……"主张人与万物的和谐，反对任意杀戮、虐待动物。从对待动物的态度，往往能衡量出一个人甚至一个民族的文明程度。请大家记住唐代大诗人白居易的这句诗："谁道群生性命微，一样骨肉一样皮！"

十六、不鼓励买动物放生

捕杀贩卖野生生物是暴殄天物的作孽之举，但买动物放生就算普度众生了吗？不是，一些好心人常在市场上买动物放生，以为救助了动物，却被动物贩子利用，使其变本加厉地不断将自然界中本为自由的动物推向市场，大赚其钱。

买赎放生者不了解这些动物的来源和该去之处，找个地方一放了之，任其自生自灭，这便出现了"好心办坏事"的结果。购买野生动物既违法，又变相鼓励了动物贩子捕捉动物，使动物从原来适宜生存之地妻离子散，又被天各一方地放到陌生之地，无食物、无栖所、无伴侣，或被天敌吃掉，或饥寒而死。这便是随便买动物放生的恶果。

一些长期人工饲养或非本地土生土长的动物更不宜贸然放生，这会加速被放生动物的死亡，或给本地生境带来危害，如传播疾病、生态失衡等。

当看到有人贩卖野生动物应及时举报，设法制止，若需放生，应先进行科学论证，考察放生地的生存条件、天敌及生态容纳程度。最终不去干扰动物，才真是普度众生。

十七、掌握动物救助常识

有时我们看到这样的报道，林业公安截获一批走私野生动物，将受困动物放生；可可西里反盗猎武装千里出击，打击偷猎藏羚羊团伙；一少年举报某餐馆吃野味，执法人员及时赶到，将野生动物从刀斧下解救……这些善勇之举救危扶困于水火之中，是真正在保护野生动物。

有人自称爱动物，自以为是乐善好施，到动物出没之地去投喂，殊不知，野生动物被喂惯之后，心理、行为变异，会变成"乞丐"，失去自然觅食能力。

大家都知道四川峨眉山的猴子会"拦路"抢截，你若不给食物就会有个别猴子翻脸急眼，我们便称之为流氓、强盗，还处治了一些凶悍之猴。要知道，这些猴子世世代代栖息山林，除了严冬到寺庙讨点儿食物外，从来都是自食其力，与人无争，是香客和游客惯坏了它们。以小恩小惠对动物进行"物质诱导"和"精神污染"，这哪里是爱动物？简直是害动物！

动物有难时热心帮一把，动物自由时切莫帮倒忙。

世界物种灭绝的现状

据估计，世界物种总数可能介于1300～1400万种之间。物种灭绝的问题越来越严重，如鸟类和哺乳类，现今的灭绝率大约是过去地质时期的平均灭绝率的100～1000倍，并且该灭绝率还会继续提高。IUCN最近的统计表明，5～20％的脊椎动物和树木物种面临绝灭的威胁，而且越是研究较多的类群，威胁的比例越大。面对物种灭绝现状，人类应迅速作出决策，以便利用有限的经费来保护这些物种。特别是应当优先保护那些具有漫长而且具有"独立进化历史"的物种，因为它们的丧失，可能会导致经过长期进化历史积累的信息丧失。

一、已知的物种数目。据过去6亿年的化石纪录，自寒武纪，多细胞生物的多样性巨大增长以来，虽然伴随着几次大灭绝，但地球上生命的历史总的来说是多样性增加的历史。化石纪录的物种的平均寿命，即从产生到灭亡，通常是几百万年。不过，类群内和类群间都存在很大的差异，一些类群的寿命明显短于或长于这个数字。估计大概有史以来的全部物种中还有1～2％存活至今。1758年，林奈定名了约9000个物种，这标志着物种的系统命名和记录的开始。至今，已经定名和记录的生物物种约在170～180万种。现在还没有一个集中分类的目录。对于一些了解比较清楚的类群，主要是鸟类和哺乳类，已经编制了简要的和计算机化的目录。所有定名的物种有一半以上是昆虫，而且其中大部分仍然在单个博物馆和其他收藏地的卡片目录上。

二、现存物种及灭绝情况。像我们已经定名和记录的物种一样，现存物种的总数非常不确定。据最近的估计大约是700万种，可能的范围是1300万～1400万种。这个数字是一个粗略的估计。即使我们已经有了准确的关于总体灭绝的信息，但由于物种数目上的不确定对于准确地了解物种灭绝的速率都有重要的影响，因此我们对物种灭绝的了解还不如关于对物种现存数目

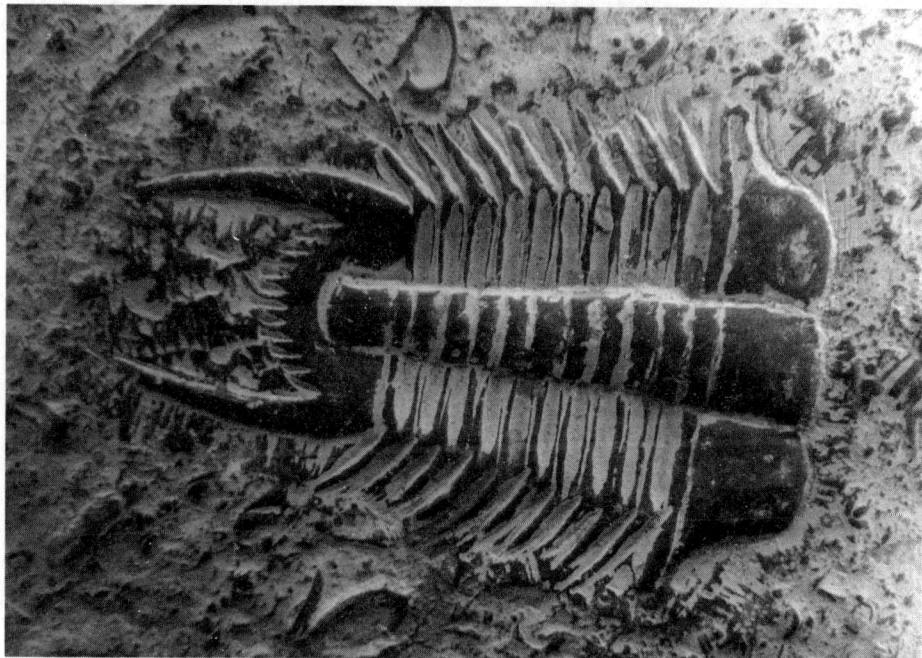

△ 三叶虫化石

的了解。过去的20个世纪，生物学家们大量记录了研究较好的类群主要是鸟类和哺乳类中的灭绝情况，每年约一个物种灭绝。记录很好的类群的现今灭绝速率比平均的基础灭绝速率快100～1000倍。灭绝的原因有自然的（如生物之间的竞争、病虫害的流行和地域灾变等），也有人类活动引起的，但近几个世纪以来，人类大大加快了地球上物种灭绝的速度。

中国物种灭绝的现状

　　根据中国生物多样性国情报告，中国动植物种类中有总物种数的15～20％受到威胁，高于世界10～15％的水平。近50年来，约有200种植物灭绝，高等植物中濒危和受威胁的高达4000～5000种，占总数的10～20％。近百年来，约有十余种动物绝迹，大熊猫、金丝猴、东北虎等十余种珍稀物种又面临灭绝的危险。

　　一、裸子植物。中国裸子植物灭绝种有崖柏；仅有栽培而无野生植株的野生灭绝种有苏铁（铁树），华南苏铁、四川苏铁分布区极窄。

　　二、被子植物。在被子植物中，材质优良的森林树种和药用、经济植物从来都是开发的重要对象，因此，中国被子植物的物种多样性受到了严重的破坏，甚至有些濒临灭绝。已经灭绝或可能灭绝的被子植物有：喜雨草、雁荡润楠、陕西羽叶报春、微硬毛建草、桂滇桐和单叶淫羊霍等。

　　三、无脊椎动物。由于绝大多数无脊椎动物个体小，它们受威胁的情况通常不引起人们的注意，以致许多稀有或濒危无脊椎动物甚至被列入保护名单之前就已销声匿迹了。例如在海南岛尖峰岭有一种大型捕鸟蛛科的种类，非常珍稀，目前可能已灭绝。无脊椎动物受威胁的主要原因在于原来栖息生境的破坏和环境污染。对于有经济价值的物种更由于过度捕捞而导致数量骤减。这两个原因均使不少动物处于灭绝的边缘。

　　四、昆虫。对中国昆虫受威胁的情况尚缺乏全面了解。生态环境恶化是威胁昆虫多样性的主要原因。例如，由于过度采挖，生境破坏，使产冬虫夏草的蝙蛾属昆虫数量急剧下降；著名的云南大理蝴蝶泉，因树木被砍伐和环境被污染，蝴蝶明显减少；四川贡嘎山的褐凤蝶由于寄主被挖作中药和过度滥捕，数量也锐减。

　　五、脊椎动物。中国的野生脊椎动物无论是分布区域，还是种类数量，

△ 苏铁树

都在急剧减少。过去北大荒（东北的沼泽湿地）"棒打狍子瓢舀鱼，野鸡飞到饭锅里"的情景已随着大规模的农垦而消失。中国在历史上是多虎的国家，虎在许多文学著作中常有生动的描述。但如今不仅在昔日的景阳冈，就是在整个华北、西北和西南都失去了虎的踪迹。如果不紧急抢救，中国很快就会成为无虎的国家。过去"两岸猿声啼不住"的三峡两岸，今天距离猿类的分布区已逾千里之遥。我们祖先生活中不可缺少的许多大型草食兽类，如麋鹿早已从野外灭绝，野生的马鹿、梅花鹿也已从许多地方绝迹。在西北荒漠和草原中，普氏野马和高鼻黔羊已于20世纪四五十年代灭绝。

什么是生物多样性保护策略

生物多样性保护策略具有广泛的领域和规模，这一过程通常分成三个基本部分：抢救生物多样性；研究生物多样性；持续、合理地利用生物多样性。

有限的保护资源必须从策略上集中于可能产生最大的保护效益的项目。《全球生物多样性策略》一书提供了五项关键的策略目标，为有效的行动提供了很大的可能。

保护生物多样性策略的第一个目标是必须发展国家和国际政策的纲领，以促进生物资源的持续利用和生物多样性的保持。

第二个策略性在于为地方社区的有效保护工作创造条件并给予鼓励。保护生物多样性的行动必须在人们工作与生活的地方深入开展。

第三，保护生物多样性的设施必须加强，并更加广泛地应用。世界上的保护区是极其重要的保护生物多样性的设施，与诸如动物园、植物园、种子库等迁地保护设施相结合，保护区能够保护世界生物多样性的大部分，而且有助于发挥其效益。然而，如果这些设施经费不足、人员太少，它们就不能起到作用。

第四，人类保护与持续利用生物多样性的能力必须大大加强，发展中国家尤其如此。只有当人们懂得生物多样性的分布和价值，明白生物多样性怎样影响他们自己的生活和对更美好生活的追求，而且学会管理，以达到在不降低生物多样性的前提下满足自身的需要时，保护才能获得最终成功。

最后，保护行动必须通过国际合作和国家规划予以促进。减缓生物多样性损失的国际合作需要有业已存在的更为有效的国际机制的协助。

保护生物多样性策略有哪些内容

保护生物多样性策略的内容大致包括：

一、通过国际合作和国家规划，促进行动开展。

二、建立生物多样性保护的国家政策纲要。改革现行的导致生物多样性浪费或滥用的国家政策。采用新的国家政策和核算方法，以促进生物多样性的保护和合理利用，减少对生物资源的需求。

三、创造一个国际政策环境以支持国家生物多样性保护。将生物多样性保护纳入国际经济政策。为了完善生物多样性公约，要加强国际保护的法律机制。得使发展的辅助过程成为生物多样性保护的动力。增加生物多样性保护基金，同时建立新型的、分散的和义务明确的途径以筹募资金并有效地使用。

四、为地方生物多样性保护创造条件并予以鼓励。纠正导致生物多样性损失的土地和资源控制的不平衡。建立政府与地方之间新的资源管理的合作关系。为了地方的利益扩大并鼓励对野生资源的产品和功能的持续利用。确保具有地方遗传资源知识的人，在他们的知识被利用时能够得到相应的利益。

五、管理整个人类环境中的生物多样性。为生物区域的保护和发展创造制度化的条件。支持私有机构生物多样性保护的开展。将生物多样性保护与生物资源的管理相结合。

六、加强保护区建设。确定保护区建设的重点，并增强它们在生物多样性保护中的作用。保证保护区及其对生物多样性保护所作贡献的持续性。

七、保护物种、种群和遗传多样性。提高在自然生境中保护物种、种群和遗传多样性的能力。加强迁地保护设施的建设以保护生物多样性，教育民众为持续发展作出贡献。

△ 国际生物多样性日

8.扩大人类保护生物多样性的能力。增加对生物多样性价值和重要性的正确评议和了解。帮助公共机构传递保护生物多样性及发挥其效益所需的信息。改进生物多样性保护的基础研究和应用研究。发展人类保护生物多样性的能力。

什么是自然保护区

自然保护区指在不同的自然地带和不同的自然地理区域内，划出一定的范围将自然资源和自然文化历史遗产保护起来的场所，包括陆地、水域、海岸和海洋。这种场所是一个活的自然博物馆，也是自然资源库，它为观察研究自然界的发展规律，保护和管理稀有和珍贵的生物资源以及受威胁的物种，引种驯化和繁育有发展的物种，进行生态系统以及与工农业发展有关的科学研究、环境监测，开展生物学、生态学和环境科学教学以及生态旅游提供良好的基础。

迁地保护和就地保护是物种保护的两种形式。迁地保护指将濒危动植物迁移到人工环境中或易地实施保护；就地保护指在原来生境中对濒危动植物实施保护。随着人口的增长，野生生物的生存空间日益缩小，越来越多的野生生物将需要人类的协助才能生存。西方曾有人预言，未来的野生生物将在人类的集约管理下生存。且不论这一预言是否正确，但是那种状态可能代表自然保护的一种极端形式。而在自然环境中保存物种的进化潜力，则是自然保护的另一种极端形式。未来的自然保护将居于这两种极端形式之间，即采取迁地保护和就地保护相结合的形式。

自然保护区与国家公园是生物多样性就地保护的场所，它们的建立和有效管理是生物多样性保护的战略举措。对无脊椎动物真菌和细菌等这些体积很小而数量巨大的生物，如果采用传统的方法来进行物种保护，从时间、经费、社会要求与目前的科学知识来说都是不可行的。近年来，保护生物学的研究重心从单一物种的保护转移到物种栖息地及生态系统的保护，这种保护最好的方法就是建立自然保护区。

自然保护区的设计原则是有哪些

在自然保护过程中形成的各种类型的自然保护区中，较大的是原始自然保护区和国家公园。原始自然保护区是无意识设立的，目的是出于宗教或娱乐，诸如自然物朝拜处、狩猎保留地或动物保护地等。第一个国家公园——美国黄石公园建立于1872年，随后，国家公园在英、美等国迅速发展。20世纪70年代以后，保护生物学工作者意识到以某一类生物资源或某一濒危物种为对象的资源保护工作，已不再能满足保护全球生物多样性的要求，他们将目光转向保护自然资源和物种赖以生存的生态系统和栖息地，呼吁各国政府在特有种、稀有种、濒危种、受危种以及生态系统关键种分布的地区和生物多样性的热点地区，建立各种类型的自然保护区。

一、保护区的选址原则

物种、基因与生态系统多样性在地球上并不存在一致的分布格局。由于人类活动的影响、自然生境退化与破碎化，使得生物多样性的分布格局复杂多变。传统的自然保护区大多设在可利用资源少、生物多样性低的地区，根据风景点、娱乐和经济标准而设立。现代保护生物学认为，在进行自然保护区的选址时应该采用从上到下的方法来作出决策，应考虑到生物的分布与生物多样性数量特征的热点地区。近一百年来，人们对保护区选址原则进行了大量讨论，提出了不同的标准。一般来说，自然保护区的确立原则包括：

1. 典型性。在不同自然地理区域中，选择有代表性生物群落的地区建立保护区，以保护其自然资源和自然环境，探索生物发展演化的自然规律。保护区所代表的自然地理区域的范畴对确定该保护区的类型和级别有着至关重要的意义。

2. 稀有性。稀有种、地方特有种或群落及其独特生境，以及汇集了一群稀有种的所谓动植物避难所的地区，在保护区选址中具有特别重要的优先地位。

3. 脆弱性。对环境改变敏感的生态系统具有较高的保护价值，但它们的保护比较困难，需要特殊的管理。

4. 多样性。保护区中群落的数量多寡和群落的类型取决于保护区当地条件的多样性，以及植被的发生历史因素，这也是保护区选址的重要依据。

5. 自然性。表示自然生态系统未受人类影响的程度。自然性对于建立以科学研究为目的的保护区或保护区的核心区的选择具有特别的意义。

六. 感染力。虽然从经济的观点来看，不同物种具有不同的利用价值。但是，由于科学技术的发展和认识的深化，一些动植物新的经济价值不断被发现。由于不同的物种和生物类型是不可替代的，就这个意义上来说，各个物种及生物群落和自然景观都是等价的。因此，从科学观点来看，很难断言哪一种生物群落类型和哪一物种更重要。由于人类的感觉和偏见不同，有机体具有不同的感染力，虽然这一标准只是人类的感觉要求，但对选择风景保护区来说仍很重要。

7. 潜在价值。一些地域由于各种原因遭到了破坏，如森林采伐、沼泽排水和草原火烧等。在这种情况下，如能进行适当的人工管理或减少人类干扰，通过自然的演替，原有的生态系统可以得到恢复，有可能发展成为比现在价值更大的保护区。

8. 科研潜力。包括一个地区的科研历史，科研基础和进行科研的潜在价值。

上述选择自然保护区的标准有时可能是互相交叉、互为补充的，例如，一个具有代表性的保护区同时可能具有多样性、天然性、科研价值；有些标准则可能相互矛盾、相互排斥，如一个稀有的保护对象往往很难具有典型性或代表性等。因此，保护区的选择是一个十分复杂的问题，运用上述标准进行选择和评价时，必须和建立自然保护区的目的结合起来，以保护物种多样性最丰富的地区，面积大、功能完整的生物群落或生态系统的典型代表，以及特有物种或特殊兴趣的群体。

二、保护区的形状与大小原则

一个保护区的重要程度随面积的增加而提高。一般而言，自然保护区面积越大，则保护的生态系统就越稳定，其中的生物种群就越安全。面积大的保护区与面积较小的保护区相比，大的保护区能够较好地保护物种和生态系统。因为大的保护区能保护更多的物种，一些物种，特别是大型脊椎动物在小的保护区内容易灭绝。

保护区的大小也与遗传多样性的保持有关。在小保护区中生活的小种群的遗传多样性低，更加容易受到对种群生存力有副作用的随机性因素的影响。保护区的大小也关系到生态系统能否维持正常功能。物种的多样性与保护区面积都与维持生态系统的稳定性有关。面积小的生态环境维持的物种相对较少，容易受到外来生物的干扰。只有在保护区面积达到一定大小后，才能保持正常功能。但自然保护区的建设必须与经济发展相协调，自然保护区面积越大，可供生产和资源开发的区域越小，这与人口众多和土地资源贫乏的国家发展经济不相适应。为了兼顾长远利益和眼前利益，自然保护区只能限于一定的面积。因此，保护区面积的适宜性十分重要。

保护区的面积应根据保护的对象和目的而定，应以物种——面积关系、生态系统的物种多样性与稳定性，以及岛屿生物地理学为理论基础，来确定保护区的面积。通常物种数量与其生存空间存在着明显关系。在一个区域内，随着面积的增加，物种数目增加，但面积增加到一定程度，物种数目并不一定无限增加。保护区大小的确定，还应该考虑到干扰与环境变化的作用，特别是全球变暖对保护区的影响。据国际上相关机构的预测：到本世纪20至30年代，全球平均温度将增加1.5～4.5℃，雨量将增加7～15％。许多温带植被将向北移动数百千米或向高海拔地区移动数百米，多数地区的气候生境条件有大的变化。所以，在设计保护区大小时还应该充分考虑到全球气候变化的影响。保护区的面积应尽可能地大，允许生态系统对气候变化自然适应，选址时特别优先考虑有完整的海拔梯度的地区。以适应全球变暖与生境破碎化对保护区的可能影响。生物学家们认为，考虑到保护区的边缘效应，则狭长形的保护区不如圆形的好。因为圆形可以减少边缘效应，狭长形的保护区造价高，受人为的影响也大，所以，保护区的最佳形状是圆形。如果采用南北向的狭长形，自然保护区则要保持足够的宽度。

关于建立一个大保护区好还是几个小保护区好的问题，曾经是20世纪

70年代争论的焦点之一。大多数研究认为，一个大的保护区比几个小的保护区好，这是因为大的保护区可以包含有更多的物种。由于小保护区的隔离作用，保护区的物种数可能超过保护区的承载能力，从而使有些物种灭绝。一般说来，那些完全依赖于当地植被，需要大的领地和种群密度较低的物种很容易在保护区内灭绝。然而，反对者认为，小保护区虽然容易发生局部灭绝，但能在相对大的范围内保护相当数量的代表生境，因为大的保护区划分成较小的保护区以后，有利于提高生物避免灾难性突发事件，如火灾、传染病的能力。多个小的保护区具有生境的多样性，保护的物种会更多。

三、保护区内部的功能分区原则

保护区的内部功能分区是生物多样性保护区的一个全新的观点。在进行保护区内部区划时，一般分为三部分，即核心区、缓冲区和实验区。

1. 核心区。这是原生生态系统和物种保存最好的地段，应严格保护严禁任何狩猎与砍伐。其主要任务是，保护基因和物种多样性，并可进行生态系统基本规律的研究。

2. 缓冲区。一般应位于核心区的周围，可以包括一部分原生性的生态系统类型和由演替系列所占据的、受过干扰的地段。缓冲区一方面可防止对核心区的影响与破坏，另一方面可用于某些实验性和生产性的科学研究，但在该区进行科学实验不应破坏其群落生态环境，可进行植被演替和合理采伐与更新试验，以及野生经济生物的栽培或驯养等。

3. 实验区。这是缓冲区周围要划出相当面积区域，用于发展本地的特有生物资源的场地，也可作为野生动植物的就地繁育基地，还可根据当地经济发展需要建立各种类型的人工生态系统，为本区域的生物多样性恢复进行示范。此外，还可在当地推广实验区的成果，为当地人民谋利益。

什么是自然保护区网与生境走廊

人类活动所导致的生境破碎化，是生物多样性面临的最大威胁。生境的重新连接是解决该问题的主要步骤。通过生境走廊，可将保护区之间，或与其他隔离生境相连。建设生境走廊的费用很高，同时生境走廊的利益可能也很大。只要有可能，就应当将主要的生境相连。生境走廊作为适应于生物移动的通道，把不同地方的保护区构成保护区网。

一、自然保护区网

生物学家们认为，自然保护区的设计与研究集中在单个保护区是不可取的，因为单个的保护区不能有效地处理保护区内连续的生物变化，只重视在单个保护区的内容而忽略了整个景观的背景，不可能进行真正的保护。单个保护区只是强调种群和物种，而不是强调它们相互作用的生态系统。在策略上，应趋向于保护高生物多样性的地区，而不是保持地区的生物多样性的自然性与特征。因此，有人提出了在区域的自然保护区网设计节点-网络-模块-走廊模式。节点是指具有特别高的保护价值、高的物种多样性、高濒危性或包括关键资源的地区。节点很少有足够大的面积来维持和保护所有的生物多样性，所以必须发展保护区网来连接各种节点，通过合适的生境走廊将这些节点之间连接成为大的网络，允许物种、基因、能量、物质在走廊中流动。一个区域的保护区网包括核心保护区、生境走廊带和缓冲带多用途区。

二、生境走廊的类型

不同物种的扩散能力差异很大。例如，一个夜行哺乳动物能通过100米宽的无植被区，而对森林内部的鸟类和白天活动的蛇来说，这100米宽的地带是不可逾越的障碍。不同的物种需要的廊道不一样，有时廊道相当于一个筛子，能够让一些物种通过而不让另一些物种通过。

对不同的物种要求有不同的廊道类型。野生动物的廊道有两种主要类

△ 藏羚羊生境走廊

型，第一种是为了动物交配、繁殖、取食、休息而需要周期性地在不同生境类型中迁移的廊道；第二种类型是在异质种群中，个体在不同生境斑块间的廊道，以进行永久的迁入迁出，在基因流动及在当地物种灭绝后重新定植。有人提出了三种在不同时空尺度上的野生动物走廊类型，因为不同时空尺度和生物的不同组织水平，有不同的生境连接问题：1. 小尺度的两个紧密相连的生境斑块的连接，如篱笆墙的设计适应于特定的边缘生境，如一片树林之间可以利用狭窄的乔木灌丛条带来使小脊椎动物，如啮齿类、鸟等的移动。这样的走廊仅仅适宜于边缘种的特点，而不利于内部种的移动；2. 在景观镶嵌尺度的走廊上建立比第一类更长、更宽的，连接主要景观因素的廊道。它们作为保护区景观水平上的廊道，使内部种和边缘种作昼夜或季节性的，或永久的移动。要求有大片带状的森林，将其他分离的保护区沿河边森林自然梯度或地形如山脊等连接。3. 连接区域内的自然保护区网。

　　三、生境走廊的功能

　　景观廊道在保护生物学中的作用是：给野生动物提供居住的生境；作

为移动的廊道。进一步可细分为：允许动物昼夜或季节性移动；有利于扩散与种群间的基因流动，避免小种群灭绝；允许物种进行长距离迁移和适应随时发生的外界环境变化，如火灾等。扩散是指动物远离它们原来栖息地的迁移。生境破碎化可产生地理隔离，不利于物种个体扩散。因此，只有保持那些动物的扩散生境走廊时，动物才能安全扩散。

四、生境走廊设计

保护区间的生境走廊应该以每一个保护区为基础来考虑，然后根据经验方法与生物学知识来确定。应注意下列因素：要保护的目标生物的类型和迁移特性，保护区间的距离在生境走廊会发生怎样的人为干扰，以及生境走廊的有效性等。

大保护区间的走廊是核心区的扩展，生境走廊的宽度包含了适宜生境，因此，能将边缘效应减少到最小。走廊的最佳宽度与保护目标种的领域大小相关。仅由边缘生境组成的生境走廊称为线形生境走廊，与此相对的是带状生境走廊。带状走廊包含有更宽的内部生境，具有完整的群落功能，而且生境走廊具有很大面积，具有自己的斑块动态。为了保证生境走廊的有效性，应以保护区之间间隔越远，则生境走廊越宽的要求来设置生境走廊。因为大型的、分布范围宽的动物，如肉食性的哺乳动物，为了进行长距离的移动需要有内部生境的走廊。如在50米宽的生境走廊中，黑熊不可能移动。多远距离、动物领域的平均大小可以帮助我们估计生境走廊的最小宽度。

中国自然保护区的保护现状

通过对自然保护区的建设和有效管理，使生物多样性得到切实的人为保护。自然保护区建设在全世界得到普遍的推广，至今，全世界已建与生物多样性保护有关的自然保护区8619个，面积达79226.6万平方千米，约占全球土地面积的6％。中国自然保护区始于1956年建立的广东鼎湖山自然保护区，经过近五十多年的努力，全国已建立各种类型的自然保护区763个，总面积6818.4万平方千米，约占国土面积的6.8％，其中与保护生物多样性有关的生态系统类和野生生物物种类自然保护区717个，面积6607万平方千米。中国自然保护区建设对生态系统多样性、物种多样性和遗传多样性的保护发挥了巨大的作用。

中国自然生态系统分为森林、草原与草甸、荒漠、内陆湿地和水域、海洋和海岸5个类型，已建自然生态系统类自然保护区共433个，面积4703万平方千米。

一、森林生态系统的保护

森林生态系统是陆地上生物多样性最为丰富的生态系统。中国地域辽阔，森林类型很多，分布很广，森林面积13370万平方千米。据研究，我国陆地生态系统共分27大类460个类型，而森林生态系统就占了16大类，约185个类型。我国森林生态系统的保护工作开展最早，20世纪50年代和60年代建立的自然保护区多半是森林生态系统类型。至1993年底，全国共建立森林生态系统类型自然保护区371处，面积1429万平方千米；另建有森林生境野生动、植物物种类型自然保护区180个，面积337.8万平方千米。两者面积合计1766.8万平方千米，占全国森林总面积的13.3％。森林生态系统类型保护区的建立不仅有效地保护了大量的森林资源，更重要的是保护了各种具有典型性和代表性的森林生态系统，在科学研究和改善生态环境方面具有极其重要的作用。我国已建的森林类型保护区不仅数量较多，为全国自然保护区主体，而且分布较广，遍布全国所有林区和生物地理区域，代表着各种森林植被类型。比较典型和重要的有：保护寒温带针叶林的黑龙江呼中保护区；保护温带针叶、落叶阔叶混交林的黑龙江丰林、凉水保护区；保护暖温带落叶阔叶林的辽宁白石砬子、医巫闾山，河北雾灵山、河南老君山等保护区；保护亚热带落叶、常绿阔叶林的河南鸡公山、安徽马宗岭等保护区；保护亚热带常绿阔叶林的安徽古牛峰、清凉峰，福建梅花山，江西井冈山，湖南八大公山、壶瓶山，广东鼎湖山，广西大明山，四川缙云山，云南哀牢山，西藏察隅等保护区；保护热带雨林、季雨林的云南西双版纳，海南尖峰岭、白水岭、五指山等保护区。此外，我国还建立了一批保护山地森林垂直分布带谱的保护区，如吉林长白山、陕西太白山、湖北神农架、贵州梵净山、云南高黎贡山、哈巴雪山等自然保护区。我国森林类型自然保护区已初步形成全国性网络，具有一定的基础，但与我国森林资源和森林生态系统多样性保护的要求相比，尚有一定差距，虽然自然保护区面积已占森林面积的13.92%，但与我国林业用地面积相比，仅占林业用地面积的6.72%。在保护区分布方面也尚有不合理的地方，如亚热带常绿阔叶林分布比较集中的福建、湖北、浙江、广东等省，自然保护区面积与其森林资源拥有量还不相适应，有待加强。此外，大兴安岭林区和黄土高原、太行山地区水源涵养林区的自然保护区建设也有一定差距。

二、草原与草甸生态系统的保护

我国草原资源十分丰富，现有草地约17300万平方千米，占国土面积18%，主要分布在东北西部、内蒙古、黄土高原北部、西北地区以及青藏高原。草原类型主要有典型草原、草甸草原、荒漠草原和高寒草原4大类。我国草原和草甸自然保护区建设起步较晚，发展也较缓慢。截至1993年年底，全国共建立草原与草甸生态系统类型自然保护区14个，面积137.8万平方千米；另建有草地生境野生动、植物物种类型自然保护区2个，面积4.4万平方千米。两者面积共计142.2万平方千米，约占我国草地面积的0.82%。其中比较典型和重要的有：保护草甸草原的黑龙江月牙湖、吉林腰井子等保护区；保护典型草原、草甸草原和沙地疏林草原的内蒙古锡林郭勒保护区；保护干草原生态系统的宁夏云雾山草地保护区；保护山地草原和草甸的新疆天山中部巩乃斯草甸、金塔斯山地草原等保护区。我国拥有广大面积的干旱和半干旱地区，草原与草甸生态系统类型众多，并孕育了比较丰富的生物多样性。然而，已建的草原与草甸生态系统类型保护区不仅数量偏少（仅占保护区总数的2％），而且面积也很有限（也仅占保护区总面积的2％），有些典型的草原和草甸生态系统至今尚没有建立自然保护区。另外，从草地资源保护的角度看，现有保护区也远远不能满足我国草地资源保护与持续利用的要求。

三、荒漠生态系统的保护

我国荒漠面积约19200万平方千米，占国土面积的30％左右，主要分布在西北内陆地区和青藏高原。主要类型有草地荒漠、典型荒漠、极旱荒漠以及高寒荒漠。我国荒漠生态系统类型自然保护区建设始于1983年建立的新疆阿尔金山自然保护区，到1993年底，全国共建立此类型自然保护区7个，面积3006.7万平方千米；另建有荒漠生境野生动、植物物种类型自然保护区7个，面积560.2万平方千米。两者面积总计3566.9万平方千米，占我国荒漠总面积的18.58％。其中比较典型和重要的有：保护原始高寒荒漠生态系统和珍稀野生动物的新疆阿尔金山自然保护区；保护高寒荒漠、高寒草甸和珍稀野生动物的西藏羌塘保护区；保护极旱荒漠生态系统的甘肃安西自然保护区等。我国已建的荒漠生态系统类型自然保护区虽然数量不多，仅占保护区总数的1％，但面积很大，占全国自然保护区总面积的45％。这些保护区的建立对维持和改善我国西北地区的自然环境、保护野生动物和植被资源具有十分重要的作用。由于荒漠地区自然条件恶劣，荒漠生态系统十分脆弱，一旦破坏，很难恢复，特别是西北地区将是21世纪我国能源和经济建设的重点区域，因而当前更要注重荒漠类型保护区的建设，尽可能多地划定一些保护区。另外，由于荒漠保护区面积大，难以封闭管理，因而要采取特别措施，加强对已建保护区的管理，禁止在保护区乱捕滥挖野生动、植物资源，特别要阻止保护区内非法采矿活动。

四、内陆湿地和水域生态系统的保护

内陆湿地和水域包括湖泊、河流和沼泽。我国湖泊、河流众多，主要分布在长江中下游平原、东北三江平原、青藏高原、蒙新地区和云贵高原；沼泽主要分布在东北山地、三江平原和川西若尔盖高原等。内陆湿地和水域总面积3800万平方千米，占国土面积的4％。我国内陆湿地和水域生态系统类型自然保护区的建设始于20世纪70年代后期，目前已建自然保护区16个，面积91.6万平方千米；另建有内陆湿地和水域生境的珍禽、候鸟、水生野生动植物类型自然保护区64个，面积675.4万平方千米。两者面积合计767万平方千米，约占我国内陆湿地和水域总面积的20%。其中，比较典型和重要的保护区有：保护原始沼泽生态系统及珍禽的黑龙江洪河保护区；保护高原湿地的贵州草海保护区；保护湖泊生态系统和珍禽的内蒙古达赉湖、吉林查干湖、云南茨碧湖、泸沽湖等保护区；保护河流生态系统的海南文澜江、四川通江诺水河等保护区。湿地生态系统具有滞纳洪水、抗旱排涝、净化水质和调节气候等功能，并且还是许多珍禽和水生野生动植物的重要栖息与繁衍场所。但湿地生态系统也具有脆弱易变的特点，易受自然条件制约和污染影响。目前，由于乡镇工业污染日益严重，许多湖泊和河流都受到不同程度的污染，甚至影响到人体健康。因此，应加强湿地生态系统保护区的建设，而目前湿地类型保护区的数量和面积都偏少。我国河湖众多，类型丰富，流域面积在100平方千米以上的河流有5万多条，面积在1平方千米以上的天然湖泊有2800多个，此类型保护区的发展潜力很大。

五、海洋和海岸生态系统的保护

我国濒临太平洋，拥有丰富的海洋资源，近海水域纵跨暖温带、亚热带和热带，有渤海、黄海、东海和南海四大海区。面积达470多万km2。大陆岸线长达1.8万余千米，近海有5100多个岛屿。我国近海因地域差异形成许多不同类型的生态系统，如河口、港湾、红树林、珊瑚礁、岛屿和海流等多种生态系统类型。到1993年年底，我国已建立海洋和海岸生态系统类型自然保护区25个，面积37.8万平方千米；另建有海洋野生动、植物物种类型自然保护区31个，面积336.3万平方千米，两者面积374.1万平方千米，分布于从鸭绿江口到北仑河口的海岸沿线和近海海域。其中，比较典型和重要的保护区有：保护珊瑚礁生态系统的海南三亚、临高角等保护区；保护红树林生态系统的海南东寨港、青澜港，广东内伶仃岛——福田，广西山口、北仑河口、福建龙海等红树保护区；保护海涂湿地等的保护区；保护岛屿生态系统的海南万宁大洲岛、浙江南麓列岛等的保护区。我国是一个海洋大国，近海海域面积相当于陆地面积的1/2，随着海洋国土意识的不断加强，对海洋资源的开发利用将逐年增加，海洋环境的污染也日益加剧。与其要求相比，海洋和海岸生态系统类型自然保护区建设存在较大差距，无论在数量上还是在面积上都有待于进一步发展。

绿化和保护环境有什么关系

绿化植物可以对保护环境起着多种作用，是防止环境污染的一项重要措施，它可以调节和改善小区域的气候、净化空气中的有毒有害气体，防止粉尘扩散和迁移、净化污水、减弱噪声、吸收放射性物质、减少细菌美化环境等。因此，大力开展植树绿化对防止污染，保护环境，改善劳动和居住条件，增强人民健康、增强经济收益和社会效益都有一定的意义。

△ 西北防护林

绿化植物为什么能调节小气候

绿化植物对局部区域小气候的影响一个是温度影响，一个是湿度影响。

温度影响作用是由于植物的树干及树叶，树冠可以反射太阳辐射热能的30～50％。在炎热季节一部分太阳辐射热被稠密的树冠所吸收，树冠吸收的辐射

△ 绿化我们的生活环境

热则用于光合作用及水分的蒸发，因此，在大片树林的区域温度增加比无绿化区域要小，绿地气温比非绿化地带要低3～5℃，而较有建筑物的地区要低10℃左右。寒冷季节树木使寒风速度降低，使寒冷的气温不致降得过低。

湿度影响作用是因为树木的根系从土壤中汲取水分，通过树叶不断地蒸发到空气中，而使空气湿度增加，一般绿地的湿度要比非绿地大10～20％左右。

绿化植物有哪些净化空气的作用

一、吸收二氧化碳释放出氧气。绿化植物通过光合作用吸收二氧化碳放出氧气，在没有目光时又进行呼吸作用吸入氧气放出二氧化碳，但是光合作用吸收的二氧化碳比呼吸作用放出的二氧化碳要多很多。因此，总的计算是减少空气中的二氧化碳，增加空气中的氧气，所以人们在树林中散步会感到空气新鲜。

二、降低空气中有害气体的浓度。不同的绿化植物能够吸收一定数量的有害气体，如二氧化硫、氟化氢、氯、二氧化氮、氨、臭氧、汞蒸气、乙烯、苯、醛、酮等。

三、减少空气中的放射性物质。树木的枝叶可以阻隔放射性物质和辐射的传播，并且还有过滤和吸收作用。

四、减少空气中的灰尘。树木能够阻挡、过滤和吸附空气中的灰尘。浓密的树叶使风速降低，稍微大点的颗粒的灰尘沉降下来，树叶表面的细茸毛能黏附较小颗粒的灰尘，树叶上的灰尘经过风吹雨打的清洗后又恢复了它的吸尘作用，所以树木是一种绿色过滤器。

五、减少空气中的含菌量。绿化树木可以减少空气中细菌的原因：一是因为绿化地区空气清洁灰尘少而减少了细菌；另外，有些植物本身含有一种杀菌素，如洋葱、大蒜等，树木中像桦木、银白杨、地榆银等都有杀菌作用。

绿化植物为何能减弱噪声

　　树木浓密的枝叶好像一组吸音隔墙，当声波经过时富有弹性的树叶便吸收一部分能量，而使声音减弱，所以树木对减弱噪声有明显的效果。例如，一丛4米宽的绿叶篱可以降低噪声6分贝，20米宽的马路旁的多层树木可以降低噪声10分贝左右。减弱噪声的功能随树木种类、高矮、层次多少而不同，各种树的枝叶稠密程度有很大差别，故而影响了减弱噪声的效果。

△ 公路两边的绿化带

绿化植物可以净化污水吗

　　水体往往会受到工厂排出的污水和居民生活污水的污染，使水质发生恶化，影响环境卫生及人体健康。绿化植物有一定的净化污水的作用，通过它的根部吸收水分，吸收了水中一部分污染物。根据国外研究报道，从没有树木的山坡上流下的水中溶解物质含量要比有树木的山坡上流下的水中多两倍多。树木可以减少水中细菌的数量，径流通过30米左右宽的林带，细菌含量减少1/2。有些水生植物如水葱、田蓟、水生薄荷等其分泌汁能够杀死水中的细菌。有些水生植物能够吸收氮、磷、钾等营养物质，铁、锰、镁等金属元素，并且还能吸收有机物质，所以对净化污水有很明显的作用。

△ 湿地

如何考虑道路的绿化

　　道路绿化是城市和工厂区内一项重要的环境保护措施，沿着道路两旁种植的树木，在市区或厂区内形成一条条纵横交错的绿化带，可以起到防尘、吸收有害气体、防噪声、保护路面、改善小气候和美化的功能。

　　城市和厂区内的道路，货运量和人流量都很大，除了受到道路附近的固定污染源影响外，道路上机动车辆的行驶使路面灰尘飞扬，汽车排出的废气含有一氧化碳、氮氧化合物、碳氢化合物、二氧化硫等有害气体和炭粒、铅化合物等颗粒物。汽车引擎和车辆则产生噪声，在繁忙的道路两旁，噪声可以达到80分贝左右。此外，夏季炎热的阳光照晒使得沥青路面软化，影响车辆和行人行走，所以道路的绿化要从以上这些因素来考虑。

　　人行道种植较大的乔木以形成林荫，在汽车道、自行车道、人行道之间，可以种植矮栅形灌木加以间隔，为了防止噪声和灰尘，在道路两旁种植的树木高矮要有层次，形成屏障。在树种的选择上还要考虑速生树与慢生树，常青树与落叶树相互搭配。道路旁的树种要有连贯性，在一定的距离内不要变换，要改变树种时，最好在交叉路口或路的一个段落再变换树种。

　　常采用的树种是悬铃木、银杏、枝垂柳、青梧桐、针槐、加拿大白杨、唐槭、构树、泡桐、合欢、雪松等。

　　绿篱常采用黄杨、蚊母、夹竹桃、珊瑚树、海桐、女贞、无花果等。

什么是健康居家

根据世界卫生组织（WHO）的定义，所谓"健康"就是在身体上、精神上、社会上完全处于良好的状态，而并不是单纯地指疾病或病弱。据此定义，"健康住宅"就是能使居住者在身体上、精神上、社会上完全处于良好状态的住宅，具体来说，"健康住宅"的最低要求有以下几点：

1. 会引起过敏症的化学物质的浓度很低。

2. 尽可能不使用容易散发出化学物质的胶合板、墙体装修材料等。

3. 设有性能良好的换气设备，能将室内污染物质排至室外，特别是对高气密性、高隔热性住宅来说，必须采用具有风管的中央换气系统，进行定时换气。

4. 在厨房灶具或吸烟处，要设局部排气设备。

5. 起居室、卧室、厨房、卫生间、走廊、浴室等要全年保持在17～27℃之间，室内的湿度全年保持在40～70％之间。

6. 二氧化碳浓度要低于1000毫克/升。

7. 悬浮粉尘浓度要低于0.15克/立方米。

8. 噪声要小于50分贝。

9. 一天的日照要确保3小时以上。

10. 设有足够亮度的照明设备。

11. 具备良好的换气设备，保持室内清新的空气。

12. 住宅具有足够的抗自然灾害能力。

13. 具有足够的人均建筑面积，并确保私密性。

14. 住宅要便于护理老龄者和残疾人。

对特殊建筑的要求：

一、高层建筑

对高层建筑住宅，专家们从日照、采光、室内净高、微小气候及空气净度五个方面对现代住宅提出以下卫生标准：

1. 日照时间

为了维护人体健康和正常发育，要保证居室日照时间每天必须在3小时以上。因为太阳光可以杀灭空气中的微生物，提高机体的免疫力。

2. 采光

健康住宅要有良好的采光，这是指住宅内能够得到的自然光线，而不是人工光源。为了达到这个要求，一般要求窗户的有效面积和房间地面面积的比例应大于1：15。

3. 室内净高不得低于2.8米

这个标准是"民用建筑设计定额"规定的。对居住者而言，适宜的净高给人以良好的空间感，净高过低、人均体积太小会使人感到压抑，而且实验表明，当居室净高低于2.55m时，室内二氧化碳浓度较高，对室内空气质量有明显影响。

4. 微小气候

要使居室卫生保持良好的状况，一般要求冬天室温不低于12℃，夏天不高于30℃；室内相对湿度不大于65％；夏天风速不小于0.15米/秒，冬天不大于0.3米/秒。

5. 空气净度

空气净度是指居室内空气中某些有害气体、代谢物质、飘尘和细菌总数不能超过一定的含量，这些有害气体主要有二氧化碳、二氧化硫、氡、甲醛、苯、挥发性有机物等。

除上述五条基本标准外，对高层建筑住宅还包括诸如照明、隔离、防潮、防止射线等方面的要求。

二、儿童房间

与成年人相比，由于儿童正处于长身体的阶段，他们的呼吸量按体重比成人高50％，另外，儿童有80％的时间是在室内生活，因此他们比成年人更容易受到室内空气污染的危害。

据世界卫生组织宣布：全世界每年有10万人因为室内空气污染而死于哮喘病，而其中35％为儿童。另外，英国的"全球环境变化问题"研究小组认为：环境污染使人类特别是儿童的智力大大降低！这就是说，无论从儿童的身体还是智力发育看，室内环境污染对儿童的危害不容忽视。

根据国家的有关规定，对于儿童房间，有以下几方面的健康要求：

1. 二氧化碳：小于0.1％。二氧化碳是判断室内空气的综合性间接指标，如浓度增高，可使儿童感到恶心、头疼等不适。

2. 一氧化碳：小于5毫克/立方米。一氧化碳是室内空气中最为常见的有毒气体，容易损伤儿童的神经细胞，对儿童成长极为有害。

3. 细菌：总数小于10个/m3。儿童正处于生长发育阶段，免疫力比较低，要做好房间的杀菌和消毒。

4. 气温：儿童的体温调节能力差，夏季室温应控制在28℃以下，冬季室温应在18℃以上，但要注意空调对儿童身体的影响，合理使用。

5. 相对湿度：应保证在30～70％之间，湿度过低，容易造成儿童的呼吸道损害；过高则不利于汗液的蒸发，使儿童身体不适。

6. 空气流动：在保证通风换气的前提下，气流不应大于0.3米/秒，过大则使儿童有冷感。

7. 采光照明：儿童在书写时，房间光线要分布均匀，无强烈眩光。

8. 噪声对儿童脑力活动影响极大，一方面分散儿童在学习活动时的注意力，另一方面，长时间的噪声可造成儿童心理紧张，影响身心健康。儿童房间的噪声应当控制在50分贝以下。

此外，因建筑材料中含有有害挥发性有机物质，所以在住宅竣工后，要隔一段时间（至少两个星期）才能入住，在此期间要进行通风和换气。

装修材料污染触目惊心

一、贵阳某小区居民张女士本来身体很健康，但自从搬进新房子后，总是感觉不舒服，体质下降，更严重的是家里养花花死，养鱼鱼也死，他们以为这是偶然的，也没太在意，就这样一直住了7年。但后来小孩出现了一种奇怪的病症，老是抽搐，上医院检查也没查出病因。联想到自从搬进新家后自己身体变化很大，经常失眠，脾气也变得暴躁，是不是房子的问题？经检测，发现住了7年的房子竟然甲醛超标数倍。

二、1998年，陈先生花巨资在北京某小区购房一套，房屋装修后，因甲醛污染造成陈先生咳嗽不止，医院诊断为癌症先兆之一"喉乳头状瘤"。经检测其室内甲醛浓度平均超标25倍，陈先生向当地法院起诉，并一审胜诉。装修公司赔偿8.9万元。

居室中常见的有害物质，仅美国环保署正式公布的就有189种，其中危害较大的主要有：氡、甲醛、苯、氨、三氯乙烯和石棉等。其中，甲醛主要来源于人造板材中使用的胶粘剂，榉木、曲柳等各种贴面板、芯板和各种密度板中的甲醛释放缓慢，可长达3～15年。氡主要来源于一些花岗岩等建材中。

这些化学毒气大多是因为装修时选材不当，被我们"引狼入室"的。2003年年底至2004年年初，北京市消协组织开展了北京市家庭装修环境污染情况调查。对294户消费者的调查结果表明，消费者家中空气质量不合格率为29％。北京市每年至少约有60万人通过装修把"贴身杀手"引入家中。

装修材料中的健康"杀手"有哪些

在美轮美奂的室内环境背后，隐藏着危害家人健康的"杀手"。

一、胶粘剂中的"杀手"

室内装修材料中的各种人造板材、陶瓷地板砖、木制地板、塑料地板、壁纸等要使用胶粘剂。人造板是室内装饰装修的最主要材料之一，它是由不同尺度和不同形态的木材（如木块、薄木片、创花和木纤维等）经胶合制成的板材，胶合就不可避免地会用到胶粘剂。另外陶瓷地砖、壁纸、天花板、地板等，均会使用相应的胶粘剂。这些胶粘剂可分为聚乙烯醇缩甲醛胶粘剂、聚乙酸乙烯酯胶粘剂、橡胶胶粘剂、聚氨酯胶粘剂。这几类胶粘剂使用过程中会释放甲醛、苯、甲苯、二甲苯、挥发性有机物、甲苯二异氰酸酯、氨。

甲醛的释放是一个持续缓慢的过程，而且释放量随着季节和气温的变化而变化，所以其将长期影响室内空气质量。例如，用刨花板贴面的书柜，5年后家具内和家具外的甲醛浓度分别为0.7毫克/立方米和0.08豪克/立方米。甲醛对人体粘膜和皮肤有强烈刺激作用，可导致流眼泪、流鼻涕、咳嗽、过敏性疾病、肺功能异常、肝功能异常、免疫功能异常，慢性吸入可导致持续头疼、无力、失眠等。

二、涂料中的"杀手"

北京朝阳区妇幼保健医院的医生为外地来京打工的孕妇李某引产下一个畸形女婴。这个刚刚5个月的胎儿没有胃，更奇特的是她的嘴巴尖尖地向外伸出，竟高过鼻子，下腭处还有个小洞。据孕妇本人讲，她曾生过小孩，并没有异常，本人身体也很正常，只是她的丈夫是一名常年从事室内装修的油漆工，她本人打工的地方也刚装修过。

涂料的种类很多，工艺上采用的溶剂种类也各不相同，对人们美化居室、点缀生活起着很重要的作用，但是它们大都含有挥发性有机化合物。VOC5（挥发性有机化合物volatile organic compounds的简称）会造成感觉性刺激和嗅觉不适，出现头晕、心悸、恶心等反应，可能导致皮肤发痒、过敏和神经毒性作用。此外，涂料中还有我们肉眼看不到、鼻子闻不出的另一类污染物——重金属。由于重金属对人体健康的损害不像VOC5那样易被人觉察，长时间接触后，蓄积在人体内的某些重金属就会危害人体健康，例如，铅会导致神经系统损害，尤其是影响儿童的智力发育。

涂料中的溶剂和助剂大多属于挥发性有机物，在涂料的施工、养护和使用过程中，会释放到空气中，污染室内空气。

苯是油漆和其他涂料中常见的有毒物质。苯属芳香烃类，人一时不易警觉其毒性。但如果在散发着苯气味的密封房间里，人可能在短时间内就会出现头晕、胸闷、恶心、呕吐等症状，如果苯长期超标，将影响生育，致癌，引发血液病等，它已经被国际癌症研究机构确定为致癌物质。

哈尔滨市刘先生的妻子做了人工流产，打出来的胎儿竟然是黑色的。医生猜测与结婚前的新房装修有关。经过检测，发现其室内空气中苯系物超标20倍。

消费者在购买涂料时，一定要向商家索取涂料测试报告，选用符合国家标准的产品。涂刷涂料时要进行必要的个人防护，如戴面罩，减少在涂刷区域的停留时间，同时加大通风量，以减少室内污染物浓度。由于涂料中的有害物质大多数属于易挥发性物质，经过一段时间的通风，可以使其浓度逐步降低。因此，涂刷完毕后，居室内要加强通风，待室内污染物基本散尽后再入住为宜。

三、石料中的杀手

2000年5月10日，北京市一青年愤怒地砸掉自家的杜鹃绿花岗岩。原来，他婚后妻子一直不孕，经医院检查是他的问题，他的精子成活率极低，可能是因为受到过量放射性物质辐射。经地质大学放射性检测专家检测该房屋，在一室一厅的套房里，厅和厕所装的都是杜鹃绿的花岗石，经过对石材的现场检测，杜鹃绿石材远远超过国家规定的居室内石材使用标准，并且，放射性元素含量非常不均匀，个别点的放射性水平相当高。杀死自己精子的凶手很有可能是两年前装修卫生间的花岗岩。

由于天然石材中的花岗岩和大理石质地坚硬、美观自然而被广泛应用于建筑装饰中，但是，由于天然石材是地壳中的基本构成物质，或多或少存在着放射性元素。石材中的放射性物质主要是镭、钍、钾三种放射性元素在衰变中产生的。如可衰变物质的含量过大，即放射性物质的"比活度"过高，则对人体有害。按天然石材的放射性水平，我们把天然石材产品分为A、B、C三类。只有A类能用于室内装修。

四、聚氯乙烯卷材地板和壁纸中的"杀手"

聚氯乙烯卷材地板又称地板革，具有弹性好、保暖舒适、防潮防湿、拼装简单、花样新颖等特点，它是由高强度无纺布或玻璃纤维布经过几道涂布工艺凝胶及印花装饰而成。聚氯乙烯卷材地板主要有以下几大类：带基材的聚氯乙烯卷材板，有基材有背涂层的聚氯乙烯卷材地板，无基材聚氯乙烯塑料卷材地板和聚氯乙烯复合铺炕革等。聚氯乙烯卷材地板中可能含有的有害物质包括重金属、氯乙烯单体、挥发性有机物。

消费者在购买地板革时，应首先询问销售商产品是否为无铅配方；打开卷材地板，嗅其是否有刺激性气味，合格产品只有轻微的气味，劣质产品会有较强的刺激性气味；用面巾纸擦拭卷材地板表面，观察纸上是否有油渍，有油渍的产品为质量不过关的产品。

壁纸是以纸为基材，在加工过程中加入能够改善其功能的助剂或在纸基上涂以聚氯乙烯涂料，以提高其使用性能。壁纸中可能含有的有害物质包括重金属及特殊元素如铅、铬、砷、硒、汞、氯乙烯单体和甲醛，其中甲醛在使用过程中可直接释放到空气中，对人体健康的危害最大；其他污染物虽然存在状态比较稳定，不易从壁纸中释放出来，但与人体皮肤接触后也能通过皮肤进入人体对健康产生危害，尤其是对于儿童更具有危险性。

氡气，我们身边的隐形杀手

长期以来，人们相信古埃及人在金字塔中设有毒咒，后世闯入者会因毒咒而丧命。1922年，多名考古学家组织发掘社唐卡门法老陵墓，后来考古学家们先后离奇死亡。从此，人们更觉得法老毒咒果然灵验，金字塔被蒙上一层神秘面纱。其实，考古学家的死因，绝不是毒咒。加拿大和埃及研究员最终破解了千古之谜——建筑金字塔的石块、泥土中的衰变铀释放出大量氡气，千百年来在密封的空间里聚集，达到致命浓度，因而造成考古学家"离奇"死亡。

氡气是什么东西？ 氡（Rn）的原子序数是86，位于元素周期表第Ⅵ周期的Ⅷ族元素，属惰性气体族，其化学性质不活泼。氡是一种无色无味的放射性气体，易被活性炭、硅胶、石蜡、黏土等吸附。常温下氡及其子体在空气中能形成放射性气溶胶而污染空气。

氡是一种放射性气体，自然界中的氡是由镭衰变产生的。镭来源于铀，只要有铀、镭的地方就会源源不断地产生氡气。房基的土壤和岩石是氡最主要的来源，建筑物周围和地基土壤中氡气可以通过扩散或渗流进入室内，进入室内的通路可以是板面缝隙以及穿过板面的各种管线周围的缝隙。研究表明，来自建筑物地基和周围土壤中的氡约占室内氡的60%，主要对三层楼以下的建筑物产生影响。

建筑装修材料是室内氡的另一个重要来源，如采用工业废渣做原料的煤渣砖、矿渣水泥；一些高氡发射率的材料（如发泡混凝土、轻型混凝土）也可以导致室内氡浓度增高。

某地一座新建的高层住宅楼里发生了一件怪事，居民们乔迁新居后没几天，家家饲养的宠物小猫小狗都莫名其妙地死掉了，多方查找却找不到原因，后来请室内环境检测中心的专家进行现场检测，结果发现室内氡含量特

△ 建筑装修材料要节能环保

别高，主要来自当地建筑用的矿渣砖。

　　石材如花岗岩、炭质岩、浮石、明矾石和含磷的一些岩石中铀、镭的含量较高；建筑陶瓷如采用锆英沙为乳浊剂的瓷砖、彩釉地砖、石膏制品、吊顶材料、粉刷材料及其他新型饰面材料；使用地下水或地热水，由于氡易溶于水中，地下水或地热水中往往含有高浓度的氡气，用水过程中氡会从水中扩散出来。

　　单先生在广州市海珠区某热点名盘小区里，花65万多元购得一现楼住宅，该楼是开发商包装修的。正要乔迁新居时，单先生发现开发商所提供的"商品房质量合格证书"中没有检测氡气这一项，为安全起见，单先生委托广东省职业病防治医院对房屋的空气质量进行检测，测试结果显示房屋每立方米含氡气554bq，与国家规定的每立方米200bq的室内安全含氡量相比，超标一倍多。为了慎重起见，单先生开窗三个月，又请了另外一家检测公司用另外一种方式进行检测，测试结果与上次的测试结果一样，单先生开始与开发商交涉，最后，开发商决定赔偿单先生3000元，让他自己去购买一种所谓的防氡涂料刷在墙壁上。但单先生认为防氡涂料只是治标不治本的举措，协商不成的单先生决定将开发商告上法庭。许多居住在该栋大楼的人们惶恐不安。

辐射对人身体的危害是很大的，世界卫生组织将氡列为19种主要的致癌物质之一，国际癌症研究机构也把氡列为室内重要致癌物质。

控制室内氡含量的方法主要有：

一、堵塞或密封氡从地基和周围土壤进入地下建筑的所有通道、空隙，避免氡气经地基岩土和墙壁、地板等处进入室内。有专家建议：住在平房和楼房最底层的市民，在居室中间凿一个一立方米的槽，四周砌透气砖，让从土壤中析出的氡气聚集到这个槽里，然后用一个管子把氡气引向室外，槽上面铺地砖等建材加以密封。

二、不使用放射物质超标的石材。室内装修石材如花岗岩、大理石等只能使用A类。

三、对于煤渣砖或高氡发射率建材作为墙体的建筑物，可以喷涂防氡涂料。

四、由于地漏与土壤直接相连引起的高氡，可以对管道的结构进行改造。

五、通风是降低室内氡浓度最有效和最方便的办法，条件允许的话应尽量保持房间的良好通风状况。如增加开窗的时间和频率，将聚集在室内的氡排到室外。自然通风若不够，可采取适当机械通风，增加室内外空气的交换。氡的比重较大，一般"徘徊"在较低的空中，通风的时候不能只开高处的小窗子。送风型的换气扇比抽风型的有效，因为前者可以将新鲜空气补充进室内，增加室内气压，降低氡气的析出量。

六、使用地热水的房间，要注意排风。国家标准《地热水应用中放射卫生防护标准》（GB16369～1996）可作为控制富氡地下水进入室内的控制依据。

七、最好不要在室内吸烟，烟雾形成的气溶胶可以使室内氡的平衡因子增加。

八、采取净化技术如活性炭吸附、滤膜吸附等清除室内空气中氡及其子体。

家庭装修忠告

随着生活水平的不断提高，越来越多的人开始进行室内装修，以求居室的优雅、美观，显示个性和品位。但装修的结果，不仅造成了大量的浪费，而且破坏了建筑整体，降低了高度，缩小了空间；使用的装修材料还将大量有害物质引入室内，有损健康。因此这里需要提醒消费者的是：装修要以健康和安全为基础，重视装修风格更应重视对健康的影响，住宅的品位不能以牺牲健康为代价。消费者应增强健康意识，装修前制定合理的选材和设计方案，慎重选择建筑、装饰材料；装修应适度，切忌因过度装修而增加室内空气的污染程度。

忠告一：选择有合法资质的正规装修公司来装修

很多人为了省钱，请了一些没有合法资质的装修包工头来装修，结果可能得不偿失，没有合法资质的装修公司自己采购的材料不受控制，给有毒有害材料鱼目混珠的机会。施工设备和建筑装修辅料如油漆、胶粘剂、填充料等是家装必不可少的，但这种不起眼的小东西存在的问题相当多，为了节省费用降低成本，施工人员经常以次充好。因此，最好能选那些管理正规、有信誉的装修公司。

忠告二：在装修合同中要约定环保安全条款

住户委托装修公司装修时，所签订的装修合同要约定室内空气质量条款。合同不仅要注明所用乳胶漆、油漆、胶粘剂、大芯板和其他装修材料的品牌名称，还要把是否会造成空气污染或者是否会产生有害气体超标等问题作为一个重要内容写入，以此来要求装修公司保证使用高质量、低释放量的装修材料，使得消费者的合法权益不受侵害。

忠告三：选用有害物质限量合格的装修材料

随着化学工业的发展，装饰装修材料中含有的化学物质的种类和数量明显增多，我们不可能做到将化学污染物的浓度控制在"零"，为了保护人群健康，必须限制装饰装修材料中有害化学物质的含量。因此，消费者应选择有害物质限量符合国家标准的装饰装修材料。消费者在购买装修材料时应首先考虑健康、安全，其次再考虑价格、美观。国家质量监督检验检疫总局于2001年12月10日批准发布了10项强制性国家标准，对室内装饰装修所使用的原料和辅料（包括人造板、溶剂型涂料、水性涂料、胶粘剂、木家具、壁纸、聚乙烯卷材地板、地毯、建筑材料和混凝土外加剂等）、加工工艺、使用过程等各个环节中的甲醛、挥发性有机化合物（VOCS）、苯、甲苯、二甲苯、氨、游离甲苯二异氰酸酯（TDI）、氯乙烯单体及苯乙烯单体、可溶性铅、镉、铬、汞、砷等有害物质，以及建筑材料放射性核素的限量值都做了明确的规定。消费者在购买建材装饰材料时，要向商家索取权威部门出具的的测试报告，购买符合国家标准的装修材料。

如何鉴别有害建材是消费者最为头痛的问题，仅凭肉眼或嗅觉很难区分，这些指标都需要由专门机构的专业检测。消费者应到正规建材市场购买装饰装修材料，仔细阅读所购材质的检测报告书，看看各项指标的检测结果与国家相关标准对比是否达标。

忠告四：施工工艺严把关

施工工艺不合理应注意两个方面：

第一，地板铺装方面的问题。实木地板下面铺装衬板是一种落后施工工艺，甲醛无法进行封闭处理和通风处理。

第二，墙面涂饰方面的问题。按照国家规范要求，进行墙面涂饰工程时，要进行基层处理，涂刷界面剂，以防止墙面脱皮或者裂缝。一些施工人员进行基层处理时，选用低档清漆，又加入了大量稀释剂，造成了室内严重的苯污染，由于被封闭在腻子和墙漆里，缓释时间更长，这一点尤其要注意。

家具中有哪些有害物质

2001年3月20日，北京某大学杨老师在某家具商场购买了一套价值6400元的卧室家具，待生产厂家把家具运至杨家，当时就闻到从家具中散发出来的辣眼、刺鼻的甲醛气味。数日后，家具释放的甲醛气味更随着气温的升高越来越大。不到一个月，杨老师眼睛充血疼痛、头痛、心烦、肝区不适、睡不着觉。杨老师找相关的检测机构对房屋和家具进行检测后，发现放置家具的卧室里，空气中甲醛超出国家标准6倍多。2001年6月22日，杨老师一纸诉状把其购买家具的商场和家具厂家告上法庭。北京市朝阳区人民法院根据有关法律、法规，判决某家具商场和家具厂一次性付给退货款并赔偿损失。

家具中的有害物质就是上面例子中严重超标的甲醛，此外，还有可溶性铅、铬、镉、汞等重金属以及VOCS。家具中产生甲醛的主要原因是：

一、使用的人造板材甲醛含量超标。

二、家具制造过程中未按标准要求对人造板材进行封边处理，造成端面大量释放甲醛。

三、使用含有甲醛的胶粘剂进行木材胶接和覆贴表面装饰材料。

家具中的可溶性铅、铬、镉、汞等重金属主要来自于产品表面的色漆漆膜层，尤其是儿童家具中的彩色涂料。家具中产生VOCS的主要原因是漆膜涂层未干透。涂料溶剂中的挥发性有机物挥发散失需要一段时间，一般为7～30天，这些物质完全挥发后，漆膜就干透了。

油漆中的挥发性有机物释放得较快，通常在3个月内。而人造板材中甲醛的释放缓慢，常常需要几年。因此，应减少使用密度板和纤维板等制作的家具。不锈钢橱柜不会带来甲醛和挥发性有机化合物的污染。布艺沙发不仅要注意面料，选择未用甲醛整理剂处理的纺织材料，而且要注意内填充物，填充物除了用料要实在、弹性均匀、释放压力后能迅速回弹外，还要没有污染物。

如何选购绿色环保家具

在选购家具时应遵循简单、实用、自然的原则，挑选健康家具，即选用天然材料，本身不含有害物质，按人体工程学原理设计，在正常使用情况下不会对人产生不利影响和伤害的家具。采用纯天然材料制作的家具，在使用过程中对人体和环境无害，在生产过程及回收再利用方面也可以达到环保要求。自然典雅的实木家具可以作为首选，以藤、竹、柳等天然材质制作的水草家具、粗麻家具也都是不错的选择。选购健康家具的方法和途径主要有：

一、买家具时最简单的鉴别方法是闻，如果闻起来刺激性气味较大，或者有眼睛刺激的感觉，则表明甲醛或挥发性有机化合物含量较高，不应选购此类家具。

二、选购家具时消费者应让家具厂提供原材料合格证明，检查家具厂采用的材料是否合格，从源头上把好关。

三、应仔细检查人造板材家具是否封边，未封边家具的端面会释放大量甲醛，不应选购此类家具。

四、应选择漆膜干透的家具。

五、消费者购买家具时，最好到正规的家具市场，注意选购知名家具厂家的品牌家具产品，并认真查看所购买的家具是否有质检报告，千万别购买无质检报告、没有标明有害物质含量的冒牌"绿色家具"。

六、在与商家签订家具购买合同时应增加污染责任条款。如果发现造成室内空气污染，起码必须无条件退货。造成严重后果的还要追究其责任。

七、健康家具的尺寸应符合人体工程学原理

健康家具一定要符合人体工程学原理，使人体保持合理的坐姿，即能采取直立或稍向前倾的坐姿，避免了弯腰驼背，对某些桌面作业还可以采用稍向后倾的坐姿，舒服地倚靠在座椅的靠背上。操作者有多种可供选择的坐

△ 现在家具种类繁多，最后选购绿色环保家具

姿，可以经常变换姿势以减轻疲劳。肘部可以支撑，使人在进行桌面作业时，上身的有关部位，包括颈、肩背、腰、手臂、手腕及手等部位的肌肉都很放松，感觉比较舒适，减轻了肌肉的疲劳、疼痛与劳损。同时可使视距保持在合理的范围之内，以保护视力、预防近视。

合适的桌椅高度可以使人保持正确的坐姿和书写姿势。写字桌类家具高度尺寸标准可以有700毫米、720毫米、740毫米、760毫米四个规格；写字桌台面下的空间高不小于580毫米，空间宽度不小于520毫米。椅凳类家具的座面高度可以有400毫米、420毫米、440毫米三个规格。桌椅高度差应控制在280～320毫米范围内。单人沙发座前宽不应小于480毫米，座面的深度应在480～600毫米范围内，座面的高度应在360～420毫米范围内。衣柜类挂衣杆上沿至柜顶板的距离为40～60毫米，挂衣杆下沿至柜底板的距离，挂长大衣不应小于850毫米。衣柜的深度为600毫米。书柜类搁板层间的高一般为300～350毫米，调板的层间高度不应小于220毫米。

如何妆点家居色彩

一、居室色彩与人的心情

室内的墙面与各种物体首先通过视觉给人们留下印象，并对人们的心理和情绪产生影响。不同的颜色所产生的心理效应不同，不同的人对于颜色的感知不同，引起的视觉刺激也不同，因而对于颜色的偏好也有所不同。丰富的色彩能体现居室主人的风格和喜好。但通常认为：红色使人兴奋活跃，使人情绪高涨；紫色使人沮丧压抑，不太适合家居生活；蓝色使人平静镇定，消除紧张情绪；绿色接近自然使人舒适和松弛，且可保护视力；米色和浅灰有利于休息和睡眠，易消除疲劳；橘红色可刺激消化系统，使人食欲大增。

不同的房间功能不同，颜色也应该不一样：

浅玫瑰红或浅紫红色调，再加上少许土耳其玉蓝的点缀会让人进入客厅就感到温和舒服。

浅绿色或浅桃红色会使人在卧室中产生春天般温暖的感觉，适用于较寒冷的环境；浅蓝色则令人联想到海洋，使人镇静，身心舒畅。

书房选择棕色、金色、紫绛色或天然木本色，都会给人温和舒服的感觉，加上少许绿色点缀，会觉得更加放松。

卫生间选择浅粉红色或近似肉色可令人放松，感觉愉快；但应注意不要选择绿色，以避免从墙上反射的光线，会使人照镜子时觉得自己面如菜色而心情不愉快。

鲜艳的黄、红、蓝及绿色都是快乐的厨房颜色。

餐厅宜选择接近土地的颜色，如棕、棕黄或杏色，以及浅珊瑚红接近肉色为最适合。

就是相同功能的房间，如同样是客厅、卧室，有时也会因居住者秉性不同而有差异。

明亮色调使房间显得较大，常用在较小、较暗的房间；暗淡色调使房间看上去较小、亮度降低。家庭人口多而喧闹的，适宜采用冷色调；反之，则可多采用暖色调。

二、家居设计的颜色要注意什么

1. 应根据不同人的年龄、性格和喜好选择喜欢的颜色。性格内向、外向，中老年、青年、儿童房间的颜色，要考虑他们各自的颜色偏好和审美特点。

2. 根据居室的具体格局合理选择颜色。应协调家具、地板、门窗、墙面和天花板的颜色，确定一个基本的主色调，使房间的布局有整体感。避免色彩上的杂乱无章而在视觉上会造成混乱，产生不稳定感，进而影响心境。

3. 根据房间的面积和高度合理选择颜色。如果房间面积较小，则不宜选用较深的色调，不然会有一种空间更小的感觉；如果房间高度较低，或房间的进深较大，则应采用较为明亮的天花板色调，否则会令人压抑。

4. 根据自然采光的效果确定地面的颜色选择。如果房间窗户较大，屋内阳光明媚，则可适当选用颜色较深的地面，使视觉效果更为稳定。反之，例如北向的房间或窗户很小的房间，采光相对较差，则宜选用较为明亮清爽的地面色调。

当心海鲜有毒

吃海鲜你最先想到什么？扇贝、海蛤蜊……据统计，贝类，以它的价廉物美而成为大多数人的首选。可你知道吗，嘴里的贝类海鲜也最容易让人中毒。贝类蓄积毒物的能力极大，而它所处的海底淤泥又是众多毒物的沉积之所。

现在的海洋变得越来越可怕了，海上漂浮的藻类本被诗人称为"自由自在美丽飘荡的精灵"，但近几年却成了可怕的"海怪"，它会因环境的影响而高速繁殖，浓度达到一定值时，水面因之变色，形成赤潮。赤潮所含藻类几乎都有毒性，贝类的食物就是海藻，毒素很容易富集在贝类体内。

贝类毒素是目前已知的最毒的有机化合物，人食用了含有贝类毒素的贝类后可能引起中毒死亡。

如果你吃了贝类食品，短时间内出现唇、牙龈、舌头周围刺痛的感觉，应立即去医院，这是贝类毒素中毒的最初症状。如果吃的贝类毒素含量较多，紧接着还会出现指尖和脚趾麻木，然后发展到手臂、腿和颈部……中毒深者就会呼吸麻痹，以致死亡。贝类毒素毒性之烈，含量高的很可能仅一口就足致人于死地。

目前，出口的贝类产品已逐步建立了检测贝类毒素的技术设备和制度。但对于国内上市的贝类产品，这套制度还有待完善。

每年有40亿吨工业废水、20多万吨生活污水及430亿吨虾池废水排入海水中。现在的海水里可谓各种毒物五花八门数不胜数。

而几乎所有的水产品对水中毒素都有蓄积能力。镉、铜、锌、铅、砷、农药等有毒物质都会通过水产品的蓄积而危害人体健康。

鱼被毒死了，说明环境污染相当严重，当然不能吃。但是当环境污染不是特别严重的时候，鱼有可能适应毒物而继续生存，这时它就会对食用者造

△ 吃海鲜的时候一定要注意

成危害。青海红岛海水里汞的浓度在0.001PPm以下，但当地渔民头发里汞的含量都远不止此。原来，此地渔民有用鱼熬粥的习惯。鱼对汞的蓄积能力令人吃惊，它们足以令长期食用的人们蓄积到更大的浓度而致病。除化学毒物外，病原微生物也可以在水产品内富集，例如甲肝病毒，即使在水环境内的密度并不大，但毛蚶可以把它们富集起来，引起甲型肝炎。1988年的甲肝大爆发，感染人数42万，波及江、浙、鲁三省。

水产品传播的致病微生物，除甲肝病毒外，还有霍乱弧菌、副霍乱弧菌，它们分别引起霍乱和副溶血性中毒。这三种疾病都能致人死亡。

离北京最近的海域是渤海，我们餐桌上的海鲜绝大部分来自那里，但专家早就指出渤海的污染已接近临界点。

洗完的衣服真的干净吗

健康专家提醒：洗衣卫生不可马虎，光去污还不够，更要紧的是除菌。因为衣物在洗涤过程中容易造成细菌交叉污染，从而导致疾病在家庭成员之间传播，其中老人、孩子和慢性病患者更易受到感染。

据中国健康教育协会专家介绍，来自微生物学、传染病学、流行病学、消毒学和感染控制学等领域的11位专家就中国洗衣卫生问题展开研讨。与会专家称：细菌和疾病通过衣物传播具有隐蔽性，其危害往往被人所忽视。树立科学的洗衣卫生观念和习惯刻不容缓，应该跟踪国际潮流，鼓励开发和使用高效、安全、对人体和环境无害的除菌洗衣粉。

上海疾病预防控制中心所作的一项调查表明，包括衣物在内的日常家庭物品微生物污染极为普遍，以大肠菌群阳性率为例，抹布高达61％，毛巾为29％，洗衣机的微生物污染率也达到27％。在洗衣过程中，致病细菌可通过病人的内衣、尿布、浴巾、毛巾、床单、被罩等污染其他家庭成员的衣物，从而引发疾病的发生。

专家指出，常见的衣物细菌是金黄色葡萄球菌和大肠杆菌，它们很容易从食物、人体的油渍和汗渍以及环境污染中沾到衣物上来，并存活很长一段时间。水煮、漂白、阳光照射等传统去菌方法效果有限，而且容易损坏衣物。

中国预防医学科学院消毒检测中心的专家建立了除菌型洗衣粉除菌效果评价体系，并作了广泛检测，结果表明：除菌洗衣粉可去除衣物上99.9％的金黄色葡萄球菌和大肠杆菌，从而显著减少人们接触致病细菌的机会。

"二手烟"害无边

不吸烟者每日被动吸烟15分钟以上者定为被动吸烟。被动吸烟又称"强迫吸烟"或"间接吸烟"。所谓被动吸烟是指亿万不愿吸烟的人无可奈何地吸入别人吐出来的夹有大量卷烟毒性物质的空气，可能遭致与吸烟者同样的病症，承受与吸烟者相似的隐痛。在日常生活中绝大多数人不可能完全避免接触烟雾，因而成为被动吸烟者。根据全国吸烟情况抽样调查结果得知：343563名不吸烟者中，39.75％受到被动吸烟这害。在家中被动吸烟的占67.1％，在工作场所或其他公共场所遭受被动吸烟的占14.44％，每日在家及在公共场所都受到被动烟的危害的占18.96％。

烟草中含有多种有毒物质，如果孕妇吸烟或长期处于被动吸烟的环境中，胎儿会因为被动吸烟造成生长发育受阻，易发生流产、早产、胎儿宫内窒息和胎儿死亡。孕妇长期大量吸烟，新生儿低体重和患先天性心脏病的机会为不吸烟孕妇的两倍。

美国医学研究人员发表研究报告指出，被动吸烟即俗称的"吸二手烟"，比原先外界所知道的还要危险，一些与吸烟者共同生活的女性，患肺癌的机率比常人多出6倍。

这项研究是在检查密苏里州106名与吸烟者共同生活的妇女的组织后发现，被称为"GSTMI"的基因发生突变或是缺少此基因的妇女，其患肺癌的机率为一般人的2.6～6倍，目前"GSTMI"基因已被认为会使烟草中致癌物失去活性。

其实，"二手烟"危害较想象大，研究人员说，这项研究目前属小规模实验，需要进一步证实及扩大研究。然而，如果这项研究是正确的话，那么环境吸烟问题远比过去所知要危险。

肺癌被医学界认为是一种文明病，因为，其严重性是随着社会的进步不

△ 二手烟危害大

断显现出来。自20世纪开始，肺癌的发生率大大增加，增长速度超过其他癌症。在20年代，世界有关肺癌病例的报道只有370余起，但是到了50年代，仅仅是美国患肺癌的人数就高达1.83万人。

肺癌最常见的症状包括长期咳嗽，甚至痰中带有血丝，胸部常感不舒服、发闷，常有不易治好的连续性感冒征状或气管炎，甚至呼吸困难等。肺癌转移较快，治愈率较鼻咽癌等其他癌症为差，肺癌的治疗方法有外科手术切除、放射线疗法及化学药物疗法等。关于肺癌的预防之道，远离香烟与烟雾是最为明智之举。同时，不但尽量不要吸烟，也不要让自己吸上二手烟，即使在公共场所也应设法避开那些吞云吐雾者，以避免受到二手烟的危害。

关于预防肺癌，美国国家癌症研究所发表的报告提出，一些含维生素E丰富的食物，可使吸烟者罹患肺癌的机率降低两成。

研究人员说，通过研究发现，那些血液里维生素E含量最高的人，得肺癌的比例下降。而那些吸烟时间最短，血液里含维生素E高的人，预防效果最佳。但专家也指出，具预防肺癌功效的维生素E主要来自食物和全麦面包，而并非维生素E补充剂。富有维生素E的食物包括硬果类、绿色蔬菜、豆类、谷类等。

烟草危害是当今世界最严重的公共卫生问题之一。目前全球共有11亿吸烟者，烟草每年造成的死亡估计为1000万人，每10秒就有一人死于"香烟"危害。如何减轻二手烟危害，关系着烟民的自身健康及社会环境的可持续健康发展。

被动吸烟对婴幼儿、青少年及妇女的危害尤为严重。对儿童来说，被动吸烟可以引起呼吸道症状和疾病，并且影响正常的生长发育；对于孕妇来说，被动吸烟会导致死胎、流产和低出生体重儿；被动吸烟亦会增加成人呼吸道疾病、肺癌和心血管疾病发病的危险。

另外，二手烟问题可能会产生一系列的"关系危机"。在家庭环境里吸烟，在办公环境中吸烟，很可能影响到人与人之间的和睦。

为了使我们大家有一个清新的生活空间，做好以下两个方面：一方面，烟民要尽量少抽焦油含量高的香烟，尽量控制烟量，烟民及"二手烟民"都要加强身体保健，同时多补充维生素E、多进行强体锻炼等；另一方面，要注意少在公众场合抽烟，尤其是通风条件不好的室内空间，减少对自身和他人的呼吸环境的污染。在家庭或办公室、会议室等经常性的抽烟环境中最好能主动采取消除或减轻空气污染的措施，摆放一些绿色植物如吊兰、常青藤等，或使用空气净化设备。另外，被动吸烟者要强化权益意识，要充分运用法规赋予的权利，在办公室、家庭等室内环境中对吸烟者多作劝阻。

维生素C有什么作用

众所周知，环境污染是指有害物质对天气、水质、土壤、食物等环境因素的污染，当污染达到一定程度时，易使人中毒，甚至使人致癌，从而严重威胁到人类的健康。因此，环境污染问题越来越受到关注，那么维生素C对此有何作用呢？

首先，维生素C可以治疗因亚硝酸盐摄入过多引起的慢性中毒。亚硝酸盐来源极其广泛，可以由存在于蔬菜中的硝酸盐转化而来，也可以作为某些鱼肉加工品的发色剂，在食品加工时添放。当亚硝酸盐不慎摄入过多而机体不能及时将其分解时，便会引起中毒。此时大剂量的维生素C作为还原剂可以减轻其中毒症状。

其次，维生素C能够在一定程度上预防了肿瘤的发生。众所周知，亚硝胺会导致消化道肿瘤，如食道癌、肝癌等。而维生素C与亚硝酸盐的产物——仲胺，可阻断亚硝胺在胃内的合成，从而达到控制致癌因子的作用。此外，维生素C亦可促进胶原形成，增强结缔组织，提高人体的免疫功能，从而抑制癌肿的生成和发展。流行病学资料表明，胃癌高发区居民维生素C摄入量明显偏低。人群中的调查也发现癌症的发病率与每日维生素C摄入量成反比。